# 四川省地热资源特征及开发潜力

钱江澎 谭 超 袁 伟 等 著

科学出版社

北京

# 内 容 简 介

地热作为一种无污染的可再生能源，资源稳定可靠，开发利用潜力巨大。四川省地热资源丰富，分布广、类型多、储量大，居全国第三。为促进四川省地热资源的开发利用，发挥清洁能源优势，贯彻落实"双碳"目标，本书主要介绍四川省地热地质概况、地热资源类型及分区、地热资源分布特征、地热资源量、地热资源开发利用现状及典型案例、地热资源开发利用潜力及前景等，全面系统总结四川省各地区、各类型地热资源特征和开发潜力，有利于推动四川省地热产业发展，有利于促进能源体系向清洁低碳转型、实现节能减排、改善环境，助力国家"双碳"目标实现。

本书可供从事地热资源研究、调查、开发的科研院所、大专院校、企事业单位的相关人员参考使用。

审图号：川 S[2024]00034 号

**图书在版编目(CIP)数据**

四川省地热资源特征及开发潜力 / 钱江澎等著. —北京：科学出版社，2024.3
ISBN 978-7-03-078160-4

Ⅰ. ①四…  Ⅱ. ①钱…  Ⅲ. ①地热能–资源开发–研究–四川
Ⅳ. ①P314

中国国家版本馆 CIP 数据核字（2024）第 045091 号

责任编辑：罗　莉 / 责任校对：彭　映
责任印制：罗　科 / 封面设计：墨创文化

科学出版社 出版
北京东黄城根北街16号
邮政编码：100717
http://www.sciencep.com

四川煤田地质制图印务有限责任公司 印刷
科学出版社发行　各地新华书店经销
*

2024 年 3 月第 一 版　　开本：787×1092 1/16
2024 年 3 月第一次印刷　　印张：11 1/2
字数：273 000

定价：178.00 元
（如有印装质量问题，我社负责调换）

# 作 者 名 单

钱江澎　谭　超　袁　伟　胡亚召　屈泽伟

罗运祥　王　川　潘国耀　张　芳　刘文涛

韦玉婷　刘宗祥　罗　敏　王成锋　阚艳伶

徐小青　张　恒　肖长波　云智汉　李　毅

马亚强　钟　声　左　蔚

# 序

　　地热资源是一种清洁、环保、安全、可再生的资源，在环保能源战略逐步成为全球共识的当下，合理开发利用地热资源是建设资源节约型和环境友好型社会，加快转变经济发展方式的重要着力点。

　　四川省地处青藏高原东缘，省内褶皱、断裂发育，并伴有大规模中酸性岩浆侵入，天然出露温泉数百处，涌泉、沸泉、沸喷泉、间歇喷泉、水热爆炸等类型俱全，地热资源储量惊人，是我国地热资源储量极其丰富的大省。如何充分、合理利用四川省地热资源的优势，形成具有四川特色的地热产业模式，是地热地质工作者一直在思考的问题，并为此付出了大量的努力。近年来，四川省地热地质调查、勘探成果喜人，在开发利用上，也逐渐形成了一批以旅游康养、水产养殖、温室种植为特点的地热产业。《四川地热资源特征及开发潜力》是对这些年来四川省地热工作的一次系统总结，是对四川省地热资源开发利用现状及其利用潜力的一次突破研究，是地热资源探索路上前进的又一大步。

　　该书作者均为在四川省从事地热资源调查、勘探、开发数年乃至数十年的一线地质工作者，书中的数据资料来源于实地调查、勘探采集以及前人成果的提炼总结，翔实可靠。全书对四川省地热地质概况、地热资源类型及分区、地热资源分布特征、地热资源量、地热资源开发利用现状及典型案例等内容进行了深入剖析，计算了地热资源开发利用潜力，并对四川地热开发的前景进行了分析，有理有据，具有极大的参考借鉴价值。

　　地热工作是一个不断探索和积累的过程，相信本书的诸多研究成果对于今后四川省地热资源的研究和综合开发利用将起到有力的推动作用，同时，也将会对我国地热资源开发进程做出积极贡献。

# 前　　言

地热资源是指能够经济地被人类所利用的地球内部的地热能、地热流体及其有用组分。近年来，随着全球气候、环境问题的日趋严峻，传统能源所造成的环境恶化等问题日益凸显，呼唤并实施清洁能源、环保能源战略已逐步成为全球共识。国家发展和改革委员会、国家能源局、国土资源部(现自然资源部)联合发布的《地热能开发利用"十三五"规划》提出："全面推进能源生产和消费革命战略……依靠科技进步，创新地热能开发利用模式，积极培育地热能市场……全面促进地热能有效利用。"国家发展和改革委员会、国家能源局等八部委发布了《关于促进地热能开发利用的若干意见》，明确了五大重点任务及三项保障措施，进一步规范地热能开发利用管理，推动地热能产业持续高质量发展。

四川省地热资源开发利用历史悠久，从口口相传的民间传说至有文字记载的古代文献皆留下了开采利用地下热水的记录。早在 20 世纪 80 年代，四川省地质矿产勘查开发局成都水文地质工程地质队就编制了《四川省地下热水分布图》及其说明书，对整个四川省内的温泉分布进行了说明。随着时间的流逝和经济建设的发展，省内部分温泉所处环境受到不可逆影响而灭失；随着经济水平的提高和人们对品质生活的追求，省内人工钻探成井的温泉数量大量增加，早期地热资料已不足以支撑目前对地热资源开发的需要。

为了加强人们对四川省地热资源的认识，促进四川省地热资源的开发利用，作者将在国家计划项目"四川省地热资源现状调查评价与区划项目"开展过程中收集到的有关资料以及调查、分析过程中取得的成果和经验加以整理编写并出版成书，供从事地热资源研究、调查的人员和需要了解四川省地热资源状况、开发利用地热资源的人员参考。本书主要内容包括：地热地质概况、地热资源类型及分区、地热资源分布特征、地热资源量、地热资源开发利用现状及典型案例、地热资源开发利用潜力及前景等。

本书所指地热资源特指天然出露的温泉和通过人工钻井直接开采利用的地热流体。本书较全面反映了地热资源开发历史、四川省内地热资源分布特征及开发潜力，还列举了省内较为知名的典型温泉，调查了其水温、流量和开发现状，分析了温泉形成机理以供读者了解和参考。

由于作者水平有限，掌握的资料有限，本书可能存在一些不足之处，恳请广大读者批评和指正。

# 目　　录

# 第1章 绪 论

我们把赋存于地球内部岩土体、流体和岩浆体中，能够为人类开发和利用的热能、地热流体及其有用组分称为地热资源。地热资源具有储量大、分布广、绿色低碳、可循环利用、稳定可靠等特点，是一种现实可行且具有竞争力的清洁能源。开发利用地热资源可减少温室气体排放，改善生态环境，有望成为能源结构转型的新方向。

地热资源类型划分方式有很多，一般可以按照传输方式、热储介质、构造成因、温度、分布位置和赋存状态等划分为不同的类型。地热资源按传输方式分类，可分为传导型地热资源和对流型地热资源；按热储介质分类，可分为孔隙型地热资源、裂隙型地热资源和岩溶裂隙型地热资源；按构造成因分类，可分为沉积盆地型地热资源和隆起山地型地热资源；按温度分类，可分为高温地热资源(温度≥150℃)、中温地热资源(90℃≤温度<150℃)和低温地热资源(温度<90℃)；按照分布位置和赋存状态分类，则可分为浅层地热资源、水热型地热资源和干热岩地热资源。浅层地热资源一般深度不超过 200m，为赋存于岩土体或者地下水中的热量，可采用地源热泵技术对建筑物进行供热或者制冷；水热型地热资源一般深度在 3km 以浅，由地下水作为载体，可以通过抽取热水或者水汽混合物提取热量；干热岩地热资源一般深度在 3km 以深，是赋存在基本上不含水的地层或者岩石体内的热量，必须采用人工建造地热储和人工流体循环的方式加以开采。

国际能源机构、中国科学院和中国工程院等机构的研究报告显示，世界地热能基础资源总量为 $1.25 \times 10^{27}$J(折合 $4.27 \times 10^{16}$t 标准煤)，是当前全球一次能源年度消费总量的 200 万倍以上(当前全球一次能源消费总量按 200 亿 t 标准煤计算)。离地球表面 5km 深、15℃以上的岩石和液体的总含热量约为 $1.45 \times 10^{26}$J(折合 $4.95 \times 10^{15}$t 标准煤)。

我国是以中低温地热资源为主的大国，全国地热资源潜力接近全球的 8%，地热资源主要集中于构造活动带和大型沉积盆地中。国土资源部(现自然资源部)2014 年 11 月公布的评价结果显示，全国有温泉 2307 个、地热井 5488 眼。中低温地热资源折合 $2.21 \times 10^{12}$t 标准煤，其中，地热资源可采量折合 $2.82 \times 10^{11}$t 标准煤，地热流体可开采量为每年 $3.72 \times 10^{11}$m³。全国 31 个省会城市(直辖市)浅层地热能调查评价结果表明，其开发利用总能量折合标准煤 $4.67 \times 10^8$t。如果开发利用能效以 35%计算，则可节约标准煤 $1.63 \times 10^8$t，是我国建筑物供暖制冷能源消耗的 1.42 倍。

有学者针对我国不同类型的地热资源，采用不同的计算方法对浅层地热资源、水热型地热资源和干热岩地热资源进行了潜力评估。结果显示，我国 287 个地级以上重点城市浅层地热资源储量为 $2.78 \times 10^{20}$J，每年浅层地热能可利用资源量为 $2.89 \times 10^{12}$J；我国主要平原(盆地)地热资源储量为 $2.5 \times 10^{22}$J，可开采资源量为 $7.5 \times 10^{21}$J；我国温泉区放热量共计 $1.32 \times 10^{17}$J，可采资源量为 $6.6 \times 10^{17}$J/a；我国 3.0～10.0km 深处干热岩地热资源总储量为 $2.52 \times 10^{25}$J，是我国目前年度能源消耗总量的 $2.6 \times 10^5$ 倍。

大地热流指地球表面单位时间内单位面积上由地球内部以传导方式传至地表，而后散发到宇宙太空中的热量，是表征地球内热的一个基本物理量，可以直接反映地球内部的热动力过程。《中国大陆地区大地热流数据汇编》(第四版)显示，我国热流值总体表现为：东高、中低，西南高、西北低的分布格局。高热流区分布于活动陆块和中—新生代造山系，主要受太平洋板块的俯冲和欧亚板块与印度板块碰撞的影响，低热流区主要分布于稳定的克拉通陆块及古老的造山系，如四川盆地。

根据热源、热储的性质、条件、载热介质的种类及控热资源的地质构造特征，可将四川省划分为五个地热区：四川盆地地热区、盆周山地地热区、川西南地热区、川西高原地热区和川西北高原地热区，均以水热型地热资源为主，干热岩地热资源仅在川西高原地热区分布。从热储温度分析，四川盆地、盆周山地、川西南和川西北地热区以中低温地热资源为主，川西高原地热区以中高温地热资源为主。

地热资源的开发利用分为发电和直接利用两个方面。高温地热资源(温度≥150℃)主要用于发电，地热发电后排出的热水可进行梯级利用；中低温地热资源(温度<150℃)以直接利用为主，多用于工业、农业、供暖制冷、温泉康养等方面，随着技术的发展和认识的突破，相关高校和科研院所也在积极探索中低温地热资源发电技术，但目前仍处于摸索研究阶段。

全球地热发电起步于20世纪初，至今已有百年历史。我国规模化利用地热能发电始于20世纪70年代初，1970~1977年，在河北、江西、广东、湖南、山东、广西等省(区)，建起了9个容量为50~300kW的发电试验装置，由于参数低、容量小、发电效率低、技术不成熟等原因相继关闭。其中，广东丰顺发电站为我国第一个中低温地热电站，装机容量为300kW。我国利用高温地热能发电的有西藏的羊八井、朗久、那曲、羊易，云南的腾冲，台湾的清水、土场等。目前仅羊八井和羊易地热电站运行，其他电站均因结垢等原因停运。

其中，羊八井地热电站于1976年建立，第一台1MW试验机组于1977年发电成功，成为当时世界上海拔最高、国内单机容量最大的地热发电机组。此后羊八井地热电站经过不断扩容，至今已运行40多年，每年运行6000h以上，年均发电量超过1.2亿kW·h。截至2020年，羊八井地热电站总装机容量为25.18MW。羊易地热田的勘探始于1988年，经过多年的勘探开发研究，一期16MW地热发电项目于2018年并网成功，2020年实现上网结算电量1.1亿kW·h，并成功实现了发电尾水100%回灌和突破了井下阻垢国产化技术。

总体来看，我国地热发电发展较为缓慢，在世界各国中处于较为落后的局面。根据ThinkGeoEnergy数据，2020年全球地热发电总装机容量为15950MW，排名前五的国家分别是美国、印度尼西亚、菲律宾、土耳其和肯尼亚，装机容量分别为3700MW、2289MW、1918MW、1549MW和1193MW，中国位列全球第十九名。从资源储量角度分析，我国已发现地热点3200多处，其中具备高温地热发电潜力的有255处，预计可获发电装机容量5800MW，目前开发利用量占资源保有量比例较小，总体资源保证程度较高。

四川省针对地热发电曾开展过一些探索性示范项目。2011年四川省地质矿产勘查开发局与中国石油化工集团公司新星石油公司达成战略合作共识，通过以四川省地质工程勘察院为主体的多个项目实施单位共同合作，在川西甘孜州雅拉河地热区块开展了地热发电示范项目,后由于结垢严重被迫关闭。"十三五"期间,甘孜州康盛地热有限公司在康定市试点安装的 200kW 地热发电试验机组成功运行,累计发电量约 30 万 kW·h,由于诸多因素限制也未能持续运行。

地热资源直接利用是最为古老也是最为常见的热能利用形式之一。我国是世界上最早利用地热资源的国家,可追溯至先秦时期骊山汤温泉的利用。据第六届世界地热大会发布数据,截至 2020 年底,中国地热直接利用装机容量达 40.6GW,占全球地热直接利用装机容量的 38%,连续多年位居世界首位。

四川省地热资源直接利用历史悠久,最早开采地下热水的目的是获取流体中的盐卤成分,现存仍能开采出盐卤水的最古老盐井为位于自贡市大安区阮家坝山下的燊海井,该井开凿于清道光三年(公元 1823 年),历时 13 年,井深 1001.42m,是世界上第一口超千米的深井。此后,四川省地热资源利用以温泉康养和农业种植养殖为主,并逐渐发展为建筑物供暖。截至 2020 年底,全省已有凯地里拉温泉、女皇温泉、罗浮山温泉、红格温泉、云溪温泉、花水湾温泉等温泉地创建为省级旅游度假区;其中花水湾温泉、云溪温泉、凯地里拉温泉 3 处温泉地创建为 4A 级旅游景区。广元市被中国矿业联合会命名为"中国温泉之乡",海螺沟温泉小镇、罗浮山温泉小镇、古尔沟温泉小镇、红格温泉小镇等正积极推动温泉文化旅游特色小镇创建,四川温泉品牌影响力逐步打响。利用地热进行水产养殖的有 11 处,温室种植栽培的有 3 处。温水养殖以甘洛埃岱温泉、昭觉竹核温泉及西昌佑君镇温泉为典型代表,主要养殖罗非鱼,年生产能力达十多万公斤;中高温地热供暖后开展余温尾水梯级利用的典型是康定市的地热温室大棚。截至 2020 年底,康定市已完成地热集中供暖面积十万余平方米,稻城县、理塘县等城镇地热集中供暖工程正在积极推进中。

# 第2章 地热地质概况

所谓地热地质条件，即地热资源形成区所处的特定地质结构特征。众所周知，地热资源的富集、形成机理与其特定的地热地质条件密切相关。在四川西部山区，地热点多以温泉的形式直接出露地表，温度各有差异，并且在特定的断裂或构造部位集中出露，在断裂带旁边实施钻井不一定能揭露热水。在四川盆地及盆地周边，温泉的天然出露较少，以人工揭露的地热井为主。因此，搞清楚四川省地热地质条件的基本特征，对研究地热成因机理、开发利用具有积极的意义。本章将对四川省的地热地质条件进行概述。

## 2.1 区 域 地 质

### 2.1.1 地层岩性

四川省内地质条件复杂，地层出露齐全，大致以龙门山-小金河断裂带为界分为东西两部分，以西主要为阿坝州、甘孜州和凉山州等山地-高原区，以东主要为四川盆地及盆周山区。两地区的地层特征及地形地貌差异明显，东部地层发育较为齐全，广泛分布白垩系、侏罗系、三叠系等新生界-中生界的沉积岩，西部则缺失白垩系，多分布中生界三叠系、古生界和元古界等老地层的变质岩。四川地层岩性情况见表2-1和图2-1。

表 2-1 四川省地层简表

| 地层 | | | 东部 | | | 西部 | | |
|---|---|---|---|---|---|---|---|---|
| | | | 厚度 | 岩性 | 分布地区 | 厚度 | 岩性 | 分布地区 |
| 新生界 Kz | E-N | 古近-新近系 | 新近系厚数米至640m，古近系厚数米至近千米 | 细砂岩、粉砂岩、黏土岩、页岩、砾岩夹褐煤及泥岩。以砾岩为主，含有粉砂岩、细砂岩 | 川西、西昌、攀枝花、盐源等地 | 新近系厚百余米至一千余米，古近系厚数百米至一千余米 | 石英砂岩、砾岩、粉砂岩、砂质页岩、黏土岩及褐煤、泥炭。砾岩、含砾砂岩、泥岩、砂质页岩及少量泥灰岩 | 理塘、白玉等地和稻城、木里、雅江等地 |
| 中生界 Mz | K | 白垩系 | 千余米至4500m | 上统为砂岩、粉砂岩、泥岩夹砾岩及少量泥灰岩，局部含有条带状、透镜体状石膏。下统以粗、细、粉砂岩为主夹砾岩及泥岩 | 东部盆地、西昌、会理一带，川东南也有零星分布 | — | — | — |
| | J | 侏罗系 | 2000~4000m及4000m以上 | 上统以砂岩为主，与泥岩互层，夹少量泥灰岩。中统为长石石英砂岩、粉砂岩与砂质泥岩、泥岩互层。下统和中下统为一套红色砂、泥岩，偶夹泥灰岩薄层 | 东部盆地及西昌、攀枝花等地 | 大于1000m | 含煤碎屑岩与火山岩交互产出 | 若尔盖郎木寺一带 |

续表

| 地层 | | 东部 | | | 西部 | | |
|---|---|---|---|---|---|---|---|
| | | 厚度 | 岩性 | 分布地区 | 厚度 | 岩性 | 分布地区 |
| 中生界 Mz | T 三叠系 | 2000~6000m | 上统为以长石石英砂岩为主的含煤碎屑岩，中统以灰岩、泥灰岩为主夹砂、泥岩。下统为以灰岩、白云岩为主的碳酸盐岩 | 四川盆地及西昌、盐源地区 | 万米以上 | 上统以板岩、变质砂岩或砂、板岩互层为主，夹火山岩、灰岩；中统为板岩、片岩、千枚岩、砂岩、灰岩及大理岩；下统以板岩、泥质灰岩为主夹细砂岩 | 广布于西部 |
| 古生界 Pz | P 二叠系 | 数百米至5000m | 上统为碳酸盐岩、碎屑岩且含煤层，下部为峨眉山玄武岩，下统以灰岩、生物碎屑板岩、白云质灰岩、含燧石灰岩为主，底部为厚10余米的含煤碎屑岩 | 盆周华蓥山一带、龙门山及西昌盐源等地 | 千余米至8000m | 以碳酸盐岩为主及火山岩、变质岩、碎屑岩 | 若尔盖北部、南坪、迭部等地，稻城、木里、理塘、九龙一带，以及金沙江东侧 |
| | C 石炭系 | 数百米至1000m | 生物碎屑灰岩、泥灰岩、白云质灰岩及少量钙质页岩、硅质岩 | 龙门山、巫山及盐源等地 | 百余米至2000余米 | 灰岩、泥质灰岩、生物碎屑灰岩、结晶灰岩夹板岩、千枚岩以及片岩、石英岩 | 巴塘中咱、木里、稻城、后龙门山至康定 |
| | D 泥盆系 | 数百米至6000m | 上统及中统以灰岩、泥质灰岩或白云岩、白云质灰岩为主夹砂页岩，下统以碎屑岩为主 | 龙门山前山二郎山、西昌、凉山等地及盐源及川东的边缘地区 | 1000~5000m | 以片岩、千枚岩为主夹大理岩、砂岩及石英岩，巴塘中咱摩天岭、迭部等地，以碳酸盐岩为主 | 巴塘中咱、木里、稻城、后龙门山至康定金汤一线以及摩天岭迭部等地 |
| | S 志留系 | 数百米至1700m | 上统为泥岩夹不纯的碳酸盐岩，中统为页岩、钙质页岩及泥灰岩、瘤状灰岩，下统以含笔石的黑色页岩为主，含有泥岩、粉砂岩 | 盆地四周的川东南、川南大巴山、龙门山北部、大渡河以南的川西南地区及华蓥山一带 | 数百米至4000余米 | 除巴塘一带以碳酸盐岩为主，其余地区均以变质岩（板岩、千枚岩、变质砂岩）为主夹砂岩及灰岩 | 广元北部、青川、平武、金汤、宝兴一带及若尔盖、南坪等地 |
| | O 奥陶系 | 数百米至1000m | 上统以含笔石的黑色页岩为主，中统为含泥质碳酸盐岩，如龟裂纹灰岩、瘤状灰岩，下统以碎屑岩为主 | 川西南、川东南及盆地四周 | 千余米至9000余米 | 巴塘一带为不纯碳酸盐岩，若尔盖北部为中酸性火山岩及火山碎屑岩，其余地区为中-浅变质碎屑岩（以片岩为主及千枚岩、板岩夹少量砂、泥岩） | 零星出露于后龙门山、木里、稻城、九龙、巴塘及若尔盖等地 |
| | Є 寒武系 | 数百米至2000余米 | 上统及中上统以白云岩、白云质灰岩为主，中统为碎屑岩及碳酸盐岩，下统以碎屑岩为主 | 川西南及会理一带，以及川东南和川东北 | 数百米至5700m | 巴塘一带以片岩、千枚岩为主夹大理岩、结晶灰岩、石英砂岩 | 巴塘一带 |
| 元古界 Pt | Z 震旦系 | 千余米至3000余米 | 上统上部为以白云岩为主的碳酸盐岩，下部以碎屑岩为主夹碳酸盐岩。下统上部为酸性火山岩与火山碎屑岩，下部为中基性火山岩夹酸性火山岩及火山碎屑岩 | 西昌、凉山、雅安、乐山等地和米仓山、大巴山一带 | — | — | — |

| 地层 | | 东部 | | | 西部 | | |
|---|---|---|---|---|---|---|---|
| | | 厚度 | 岩性 | 分布地区 | 厚度 | 岩性 | 分布地区 |
| 元古界 Pt | Z 震旦系以前 | 千余米至万余米 | 以板岩、千枚岩为主夹片岩、大理岩、灰岩、变质砂岩、火山岩、火山碎屑岩及少量片麻岩 | 会理、盐边、泸沽、峨边、芦山、南江、平武、青川等 | — | — | — |

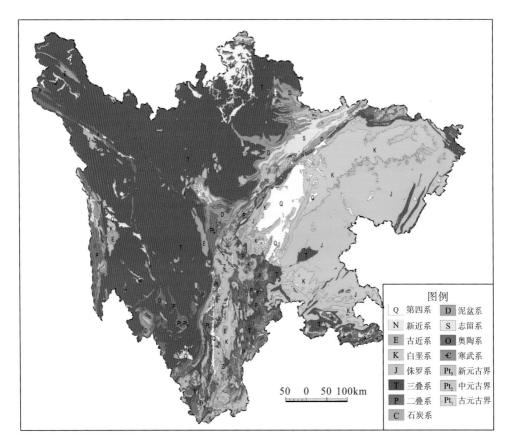

图 2-1　四川省地层分布图

### 2.1.1.1　元古界

前震旦系是四川省境内主要构造单元扬子准地台的基底，为一套经受中、深变质且普遍混合岩化的地层，上部与震旦系不整合，震旦系由下至上依次由火山岩—碎屑岩—碳酸盐岩建造，主要分布于川西三州地区及四川盆地边缘的山区，因地层分布零散，对地热的形成控制及影响意义不大。

### 2.1.1.2　古生界

古生界出露齐全，寒武系至二叠系均有分布，以变质岩和碳酸盐岩建造为主，少部分碎屑岩建造或轻变质碎屑岩。在四川省西部，二叠系、志留系、奥陶系和寒武系的砂岩板、片岩、页岩及泥岩，可以形成较稳定的隔水盖层，对下部地热资源形成良好的保温储热作用。早二叠世晚期至晚二叠世在川西及川西南地区有大量玄武岩喷发，且下二叠统的碳酸盐岩在攀西的安宁河、川西以及盆周的乐山、雅安、达州一带，结合深部的岩溶发育可以形成良好的热储层。

### 2.1.1.3 中生界

中生界在四川省境内分布广泛，尤其是三叠系对于四川省地热的形成有比较重要的控制作用。在川西地区，为一套浅变质的复理石建造，发育完备，沉积类型多样，总厚度为6000～8000m，大面积砂岩、板岩、千枚岩分布，可以形成地热系统的盖层，部分三叠系的碳酸盐岩在断裂、构造综合控制作用下，形成具有一定渗透性能的岩体，则形成热储。

侏罗系和白垩系在四川东部地区较为发育，层序完整，主要属不变质的河湖碎屑岩及泥质岩相地层，厚1500～3500m，多形成盖层，为下部的碳酸盐岩热储起到保温作用。在四川盆地西北部、南部及西昌、会理一带，白垩系岩性变化较大，除剑阁—灌县(现都江堰)—芦山为砂、砾粗碎屑岩外，其余各地皆为细碎屑岩、泥质岩，局部层位夹砂、砾粗碎屑岩，碳酸盐岩及蒸发岩。

### 2.1.1.4 新生界

新生界的古近-新近系以盐源地区比较发育。古近系为紫色块状砾岩，新近系昔格达组为湖沼相黏土、砂、砾，夹多层褐煤，厚度一般为100～200m，最厚达500m。第四系则主要分布于成都平原，大部分为岷江的冲积、洪积层，常含泥炭，厚度以郫都区一带最大，可达300m以上。西南山地及西部高原的河流冲积物中常含砂金，高原地区有古代及现代冰川堆积，若尔盖草原有近代沼泽泥炭广泛分布。

## 2.1.2 岩浆岩

四川省的岩浆岩较为发育，晋宁期至喜马拉雅期均有岩浆岩活动，而以印支期—燕山期最为发育。岩浆岩活动在水热系统形成中起的作用，主要取决于岩浆侵入的地质时代和规模，一般印支期和燕山期花岗岩及其影响带的温泉水温偏高。

从区域分布看，各类岩浆岩均主要分布于西部地槽区，即龙门山、攀西和川西高原地区，呈带状、团块、点状展布。东部地台区仅北缘米仓山—龙门山、川西南一带有分布。

岩浆岩种类齐全，喷发、侵入皆有，基性-酸性俱全，以中酸性侵入体规模最大，分布最广，尤以雀儿山-沙鲁里山花岗岩体规模最大。义敦地区喷出岩较发育，安山质凝灰岩或角砾岩、玄武岩等常与三叠系灰岩、板岩、砂岩相间呈互层产出。其他尚有橄榄岩、辉长岩等零星分布。

## 2.1.3 地质构造

四川省地质构造复杂多样，全省有三大构造体系：西部青藏川滇"歹"字形构造头部至中部的转折部位；北部一系列叠置的弧形构造；东部新华夏和华夏系。其间的界线为北东向龙门山断裂带、北西向鲜水河断裂带和南北向安宁河断裂带，它们在泸定以南交会成"Y"形。

印支运动、燕山运动使褶皱、断裂发育，并伴有大规模中酸性岩浆侵入，尤其是西部地区，出现若干南北向岩浆岩带，反映了南北向断裂处于引张状态，这是四川热水形成与分布的主要构造线方向。特别是鲜水河断裂、金沙江断裂及小金河断裂围成的区域断裂众多，活动断裂发育，出露温泉众多，全省大多数天然温泉均出露在该地区。

### 2.1.3.1  区域构造单元

四川省东、西部构造分带明显，大致以北川—汶川—康定—小金河为界，以东为扬子准地台(台区)，以西是松潘-甘孜地槽褶皱系和三江地槽褶皱系。此外，玛沁、略阳、城口、房县一带以北属秦岭地槽褶皱系。各类构造形态及空间分布，东西两部明显不同。台区川中为舒缓背斜、穹窿与向斜，川东为梳状褶皱，川东南是垛状褶皱，川西北为短轴褶皱。西部槽区构造线多为北西和北北西向，或呈向南凸出的弧形褶皱。构造单元分级见图 2-2、图 2-3。

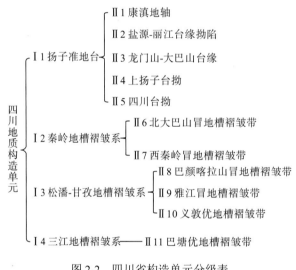

图 2-2  四川省构造单元分级表

#### 1. Ⅰ1 扬子准地台

扬子准地台位于四川省的东部，北与西大体上以城口-房县断裂、北川-映秀断裂、九顶山断裂、茂汶断裂、盐井-五龙断裂、小金河断裂与地槽褶皱系为分界线。

扬子准地台基底具有双层结构。下部为结晶基底，形成时限为古太古代—新元古代，组成结晶基底的地层以康定群为代表。康定群往往呈穹窿状的花岗岩-绿岩地体。上部为褶皱基底，形成时限为中元古代—新元古代，在陆核边缘发育有地槽沉积，以盐边群为代表，在陆核内部发育有裂陷形成的线性冒地槽，沉积物以会理群为代表。850Ma 左右的晋宁运动使地槽褶皱回返，形成扬子准地台。

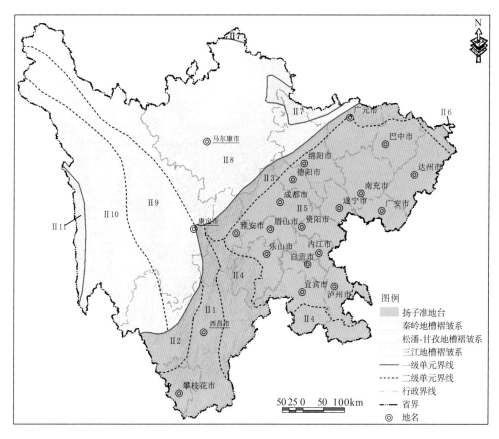

图 2-3　四川省构造单元分区图
资料来源：《四川省区域地质志》（1991 年）

　　地台盖层内，下古生界具稳定型建造组合特征。加里东运动使大部分地区抬升，故这些地区缺失泥盆系和石炭系。在台地四周为沉降带，西面是龙门山和盐源拗陷，东面是湘中拗陷，南面是黔中拗陷，北面是东秦岭地槽。早二叠世起，台区整体下沉，多处于潮间-潮上环境。盖层有两次地裂期。第一次仅局限于地台西缘，即地槽后构造期的块断造山运动，相当于澄江旋回，盖层以苏雄组和开建桥组为代表。第二次发生于晚二叠世早期，在川西南表现强烈，有广泛而大量的玄武岩浆喷发。中、晚三叠世的印支运动，结束了海相沉积，从此进入陆相沉积阶段。晚印支运动使扬子准地台与松潘-甘孜地槽发生陆内汇聚，且形成了盐源及龙门山两个台缘褶皱带。喜马拉雅期，随着印度板块与欧亚板块的碰撞，陆内汇聚加强，在台缘褶皱带普遍发生前陆逆冲推覆，康滇地轴盖层发生褶皱。另外，在印支期—喜马拉雅期，太平洋板块向西对扬子板块俯冲，在四川东部也形成了逆冲推覆构造。喜马拉雅期，在两侧板块驱动力作用下，盆地发生隐伏滑脱构造，不少断裂发生走向滑移，在断裂两侧形成扭动构造。

2. Ⅰ2 秦岭地槽褶皱系

秦岭地槽褶皱系位于四川省北部，零散分布，面积较小。西部以玛沁-略阳深断裂与松潘-甘孜地槽褶皱系为界，四川仅跨南秦岭印支褶皱西段南缘；东部与城口-房县深断裂和扬子准地台为邻，省内只有北大巴山印支褶皱带南缘。

四川省主要有北大巴山冒地槽褶皱带和西秦岭冒地槽褶皱带。北大巴山冒地槽褶皱带主体在陕西境内，四川省内仅跨其南缘的高滩-兵房街复向斜南西翼，出露地层为震旦系、寒武系。西秦岭冒地槽褶皱带内中元古界-新生界皆有不同程度的发育，四川省境内面积小。

3. Ⅰ3 松潘-甘孜地槽褶皱系

松潘-甘孜地槽褶皱系位于四川省西部，呈倒三角形，北、西和南东分别以玛沁-略阳深断裂带、金沙江深断裂带、玉龙-龙门山深断裂带与秦岭地槽褶皱系、三江地槽褶皱系和扬子准地台相接。出露地层主要为地槽型上二叠统-三叠系，古生界常在一些重要断裂带的上二叠统-三叠系内呈外来岩块出现。古近-新近系多沿大型断裂断续分布。本区基性、中酸性岩浆侵入活动有华力西期、印支期—燕山早期和燕山晚期—喜马拉雅期 3 期，区域变质作用有华力西和印支两期。晋宁、加里东、华力西、印支和燕山旋回运动均有表现。本地槽在晚三叠系全面褶皱回返，转化为印支褶皱系，故印支晚期的褶皱造山运动是工作区最主要的构造运动。

4. Ⅰ4 三江地槽褶皱系

该地槽褶皱系因发育于金沙江、澜沧江和怒江流域而得名，东以金沙江深断裂与松潘-甘孜地槽褶皱系相邻。四川省仅涉及其东部边缘的巴塘优地槽褶皱带。

自北由西藏矮拉山延入四川省白玉山岩，经巴塘、中心绒(已撤销)至得荣后，向南延至云南德钦。在四川省内，其主体呈近南北向的梭镖状。主要地层为震旦系-下二叠统，次为上二叠统-三叠系。震旦系-下二叠统由各种片岩、板岩、千枚岩、石英岩、结晶灰岩、大理岩和变质中基性火成岩等组成。上泥盆统-下二叠统为非稳定型建造系列的玄武岩、火山碎屑岩、混杂岩和杂陆屑建造组合。上二叠统-中下三叠统为一套浅-微变质的碎屑岩夹碳酸盐岩的基性或中酸性火成岩。

### 2.1.3.2 断裂构造

按照断裂分类原则，四川省内断裂带可分为深断裂带、大断裂带和基底断裂带这三大类，其断裂体系见表 2-2、图 2-4。

表 2-2  四川省断裂分类一览表

| 断裂类别 | 断裂带名称 | 展布特征 |
| --- | --- | --- |
| 深断裂带 | 安宁河深断裂带[Ⅰ] | 属康滇地轴深断裂系，断裂纵贯康滇地轴，北起金汤，向南沿大渡河到石棉，经冕宁、德昌、会理，过金沙江入云南与易门断裂相连，境内长 400km |
|  | 磨盘山深断裂带[Ⅱ] | 属康滇地轴深断裂系，断裂北起西昌磨盘山，南经普威、红格，沿金沙江南下接云南绿汁深断裂带，省内长 240km |

续表

| 断裂类别 | 断裂带名称 | 展布特征 |
|---|---|---|
| 深断裂带 | 金河-程海深断裂带[Ⅲ] | 属康滇地轴深断裂系，断裂北起石棉西油房，向南经马头山、里庄、金河、菁河插入云南永胜与程海深断裂相连，省内延长逾 300km，为康滇地轴与盐源-丽江台缘拗陷的分界断裂 |
| | 小江深断裂带[Ⅳ] | 属康滇地轴深断裂系，断裂从云南沿小江入川，经布拖、普雄到达石棉，长 300km，是康滇地轴与上扬子台拗的分界断裂带 |
| | 小金河深断裂带[Ⅴ] | 属玉龙-龙门深断裂系，断裂从云南入川，沿小金河、锦屏山达石棉西油房，长逾 250km，为松潘-甘孜地槽褶皱系与扬子准地台的分界线 |
| | 北川-映秀深断裂带[Ⅵ] | 属玉龙-龙门深断裂系，断裂为龙门山主中央断裂。北起广元，南达泸定，其间穿过彭灌-九里岗、宝兴复式背斜，长逾 400km，走向为北东 |
| | 茂汶深断裂带[Ⅸ] | 属玉龙-龙门深断裂系，断裂在后龙门山冒地槽内。该带北起茂汶，南经汶川、陇东至泸定，长 230km |
| | 玛沁-略阳深断裂带[Ⅻ] | 属东昆仑-南秦岭深断裂系，断裂为秦岭地槽褶皱系与松潘-甘孜地槽褶皱系的分界断裂。西自玛沁向东经郎木寺、甘肃武都达陕西略阳，省内长仅 50km |
| | 鲜水河深断裂带[Ⅹ] | 属道孚-马山断裂系，是巴颜喀拉和雅江两个冒地褶皱带的分界断裂，总体呈北西走向，自泸定向北经康定、炉霍、大塘坝至石渠长沙贡玛延入青海，四川省内长 600km，影响宽 10～20km |
| | 金沙江深断裂带[Ⅷ] | 属金沙江深断裂系，断裂傍金沙江东岸岗卡、三岩、巴塘、中咱、里甫和日雨一线通过，呈向东突出的弧形。四川省内长 330km，是三江地槽褶皱系和松潘-甘孜地槽褶皱系的分界断裂 |
| | 德来-定曲深断裂带[Ⅶ] | 属金沙江深断裂系，在金沙江深断裂带东的岗托、盖玉、扎萨通和定曲一线，总体走向 340°至近南北向，呈微向东突出的弧形，是中咱地背斜和义敦地向斜的分界断裂 |
| | 甘孜-理塘深断裂带[Ⅺ] | 属金沙江深断裂系，是金沙江深断裂带最东边的一条深断裂带，自北西的青海玉树延入四川省，向南东经邓柯、马尼干戈、甘孜、理塘、木拉至木里。该断裂带展布面广，总体呈北北西向反 "S" 形，长 700km，宽度在北部、中部和南部分别为 35km、5km 和 70km |
| | 菜园子-麻塘深断裂带[Ⅶ] | 位于会理、会东境内，西起鱼鲊，经通安延至蒙姑。东、西两端为磨盘山、小江深断裂带所截，安宁河、德干断裂将其切割成 3 段，断续出露约 110km |
| 大断裂带 | 攀枝花大断裂[1] | 呈近南北走向，北交于金河-程海断裂带，南进入云南，云南省内长 90km。该断裂在中生界分布区通过，断面东倾，倾角为 45°～80°，多由一系列高角度叠瓦式斜冲断裂组成。沿断裂有糜棱岩化、碳化、石墨化、断层泥等动力变质现象，两侧岩层扭曲、错动明显。在东盘见次级褶曲，其轴面走向为北 30°～50° 东，与主断裂斜交，指示该断层具有左旋扭动 |
| | 则木河大断裂[3] | 北端在西昌与安宁河断裂带交会，向南东过邛海，沿则木河经普格至宁南交于小江断裂带，延伸 135km，总体走向北西，倾向北东，倾角为 70°～80°。地貌上多呈沟谷、山凹。沿断裂多处出现温泉 |
| | 宁会大断裂[4] | 沿宁南到会理力马河一线延展，北端为则木河断裂所截，南端与普格达断裂相交，延伸方向为北 45° 东，长 120km。断面大多倾向南东，倾角为 60°～70°，断裂破碎带宽 15～50m。擦痕指示断裂南东盘南西斜冲 |
| | 黑水河大断裂[5] | 沿宁南、普格至越西一线呈近南北向伸展，长逾 130km。断面总体向东倾，倾角自南向北逐渐变大，仅中段西罗至滥坝间转向西，属逆冲断层 |
| | 峨边-金阳大断裂[7] | 从金阳向北经马边，刹水坝止于峨边，长 220km。断裂走向近南北，倾向西，倾角为 58°～80°，主要断于古生界至中生界中。沿断裂带岩层挤压破碎强烈，平行主断裂的片理、劈理发育，局部可见擦痕、拖拽褶皱和 "X" 节理 |
| | 江油-灌县大断裂[8] | 北起广元，经江油、安州、都江堰，南达天全南西，长 400km。断裂发育在古生界至三叠系中，为一系列近于平行的断层束，并有分叉、闭合现象。断裂带总体走向为北 45° 东，倾向北西，倾角为 60°～70°，断面多呈舒缓波状，时见宽数米的挤压破碎带及糜棱岩化构造岩 |

续表

| 断裂类别 | 断裂带名称 | 展布特征 |
|---|---|---|
| 大断裂带 | 龙泉山大断裂[9] | 南起仁寿，向北延伸，经老君场后走向渐转为北20°东，延伸长逾120km。断面走向呈舒缓波状弯曲，向东倾斜，倾角为35°～62°，东盘为上升盘，多数情况是侏罗系蓬莱镇组与西盘白垩系灌口组接触，垂直断距为400m |
| | 青川大断裂[11] | 自平武茶坊向东经青川过陕西阳平关达勉县，四川省内长150km。该断裂呈北东东走向，由数条近于平行的断裂组成，收敛或分支部分有大小不一、形体各异的构造岩块或凸镜体。主断裂面北倾，倾角大，且呈波状弯曲 |
| | 岷江-虎牙锯齿状大断裂[12] | 包括南北向的岷江断裂、虎牙断裂与东西向的雪山断裂、古城断裂，因总体呈锯齿状得名，由类型、时代、走向与性质均不相同的断裂组合而成 |
| | 玛曲-荷叶大断裂[13] | 是巴颜喀拉冒地槽带中阿尼玛卿地背斜的南界，四川省内延伸240km。断面呈舒缓波状，东段向南倾，西段向北倾，断面倾角为45°～80°。沿断裂带常见挤压凸镜体、断层泥、角砾岩、矿化等 |
| | 阿坝大断裂[14] | 发育于巴颜喀拉冒地槽褶皱带的马尔康向斜内部。总体呈北西西舒缓波状延伸，在四川境内龙日坝以西延长大于120km。过龙日坝向东分成两支：一支转向北东，沿羊拱海岩体北侧延至哲波山一带，与龙日坝西侧的一段共同构成红原弧形构造的前弧断裂；另一支走向继续向南东延伸，可与米亚罗-理县断裂相接 |
| | 泥曲-玉科大断裂[15] | 展布于巴颜喀拉地槽带马尔康向斜西缘的色达、玉科和金汤等地，与鲜水河深断裂一样，亦为北西走向，两者相距20～40km，属同一断裂系，在四川省内长约350km。断裂带宽5～10km，由若干平行的断层组成，主断面多倾向北东，倾角为60°～75°，挤压破碎带宽度可达300m。破碎角砾岩、挤压透镜体、断层泥、斜冲及水平擦痕、破碎牵引褶曲等屡见不鲜 |
| | 陈支大断裂[16] | 分布于雅江冒地槽褶皱带南部，大致是九龙地背斜与雅江地向斜的分界线。断裂北起大雪山西侧盘盘山一带，沿玉农希大沟延伸，向南西经陈支、伍须海、八窝龙至央岗附近，走向北30°东，长约160km |
| | 德干大断裂[2] | 沿会东德干至麻栗树一线延伸，北端被北东向宁会断裂错切，向南进入云南，四川省内长80km。该断裂切割古生界-中生界，由一组呈叠瓦状的逆断层组成，沿断裂普遍有几米至几十米宽的破裂岩 |
| | 汉源-甘洛大断裂[6] | 南起昭觉，向北经甘洛、汉源，再北被第四系覆盖，长逾200km，走向近南北。断面东倾，倾角较大，断裂切割下震旦统至中生界，沿断裂有数十米宽的挤压破碎带 |
| | 官坝-水磨大断裂[10] | 位于台区北缘南江、旺苍、官坝、水磨一带，长80余km。主断裂走向北东东，倾向北北西，倾角为60°～70°。断面呈舒缓波状，局部有分叉现象。上盘岩石破碎，具压碎片状、角砾化、糜棱岩化结构的构造岩，破碎带局部达1km |
| | 德格-乡城大断裂[17] | 北端在洛须为竹庆-甘孜断层所切，南端伸入云南，四川省内长约460km。沿此大断裂破碎带宽百余米，碎裂岩、糜棱岩、擦痕、镜面、挤压透镜体屡见不鲜。断裂性质主要为压扭性质 |
| | 金汤弧形大断裂[18] | 展布于康滇地轴北端和龙门山构造带的交会地带。大断裂由一系列平行排列、向南凸出的弧形断裂组成。断裂倾向随弧形转折而改变，但共同特点皆北倾，即倾向弧的内侧，倾角一般达60°以上 |
| 基底断裂带 | 巴中-龙泉山断裂带（Ⅰ） | 由北东至南西，沿通江、巴中、三台、彭山附近一线延伸，全长约500km。此断裂带地表显示不明，物探上为明显的重力与航磁异常梯度带 |
| | 华蓥山断裂带（Ⅱ） | 北起万源，经达川南达宜宾。在华蓥山天池、宝顶一带，连续出露50km以上，其他地段多隐伏于地下或断续出露，全长达500km。该带显示非常明显的线性特征，是四川台拗中川东陷褶束与川中台拱的分界线。据地震资料，该断裂带未切穿下寒武统和震旦系，但对志留系、石炭系、三叠系在岩相厚度上都起着控制作用 |
| | 峨眉-宜宾断裂带（Ⅲ） | 系四川盆地的西南边界断裂，大体上为扬子台拗与四川台拗的分界线。西起雅安附近，向东延伸达宜宾，全长约220km，其间被龙泉山大断裂、威远-荣县断裂切割成3段 |

注：三级断裂为四级构造单元内部，省内该类断裂众多，此处不再赘述。

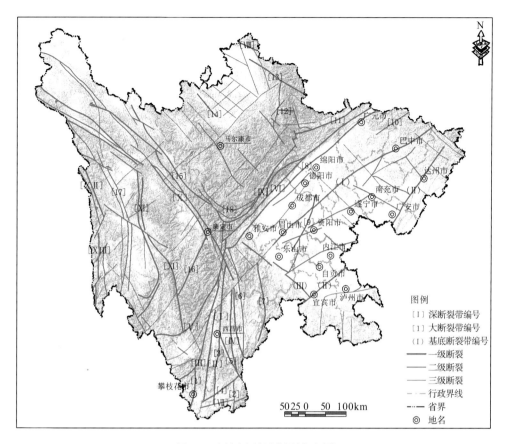

图 2-4　四川省构造断裂分布图

注：依据《四川省区域地质志》(1991 年)汇编

## 2.1.4　新构造运动

四川温泉的分布受到新构造断裂的控制，是新构造运动的产物。四川已发现的温泉点中，85%以上集中在龙门山—峨眉山—大凉山以西地区，这与四川东、西两部分新构造运动强度存在明显差异有关。川西的热水点不仅数量多，而且温度高、流量大，有不少泉的温度超过当地沸点而成为气泉。而川东地区，温泉主要出露在褶皱轴部的轴向断裂中。

### 2.1.4.1　断裂活动

四川新构造运动时期的活动断裂，一部分是重新活动的老断裂，一部分是新生断裂。依据断裂走向分类，可分为：北西及北西西向、北东及北北东向、南北向和东西向 4 组，前两组最为发育，活动特别强烈。新构造运动时期断裂活动的主要特点包括川内网格状构造形迹的形成、地震、地热显示等。

1. 网格状断裂系统的形成

北东(北北东)向断裂和北西(北西西)向断裂同时生成，相互切割，共同组成了四川省境内网格状的断裂系统。该系统中的北东向和北西向断裂多是继承或迁就老断裂发育的，而北西西和北北东走向的断裂则几乎都是新生的。网格状断裂系统的线性形迹在航、卫片上十分清晰。这些断裂除了控制现代河流、沟谷的发育外，还常常构成现代不同级别地貌单元的界线，如四川盆地的菱形边界。

网格状断裂系统并不是局部应力场的产物，研究认为它与高原的隆升在力源和力学机制方面存在联系，印度板块和欧亚板块的推挤使地壳表层产生了近东西向的滑移，处在向东滑移部位的川西高原的网状断裂系统就尤为发育。通过对川西高原鲜水河断裂等构造的力学性质及应力排布方式进行研究，证实该系统内存在逆时针旋转的趋势及逆掩构造。

2. 地震

地震是新构造断裂活动最突出的表现形式，以川西最为发育。受活动断裂分布控制，四川省主要的地震活动也集中在川西地区(图 2-5)。研究指出，前述网格状的新构造断裂系统是四川最重要的发震构造，剪切作用是最主要的发震力学原因。

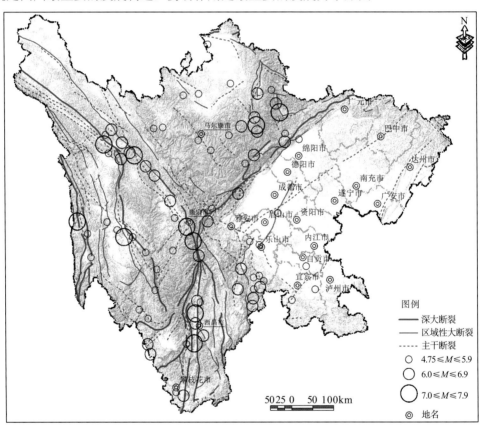

图 2-5　四川省地震活动图

注：$M$ 为震级

四川许多温泉的温度、流量在地震前后均有明显变化。比如，据理塘毛垭温泉长期观测资料：1976 年 8 月 16 日松潘、平武发生 7.2 级强震，震前一年水温突然由 56.9℃上升至 62.3℃，持续至 1976 年 6 月下降而发生地震，震后 2 个月水温上升；1980 年 12 月 7 日水温突然上升了 6.7℃，水量增大。据康定雅拉河热水塘地区温泉"5·12"汶川地震前后观测资料：2008 年 1 月温泉水温较 2007 年明显上升，由 45℃升至 48℃，并在 2008 年内呈不断上升趋势，12 月时升至 51℃；水量则较 2007 年明显下降，2008 年 1 月水量由 0.25L/s 下降至 0.15L/s 后基本稳定。

可见，地震前后水量、水温变化都很明显，通过对温泉动态变化进行观测，可对地震发生做出预报。

### 2.1.4.2　断块运动

地貌变迁是断块运动最直观的表现形式之一。新构造运动时期，四川省断块运动主要表现为差异性的间歇抬升，抬升过程中部分上升幅度较小的断块则呈现出相对沉降态势。

断块上升主要体现在川西高原、凉山山原以及盆周山区，其中又以川西高原最具代表性。区域资料显示，川西高原夷平面由新近纪上新世的 1000～2500m 变为现今的 4000～5000m，抬升幅度在 3000m 以上，而高原面总体自北西向南东倾斜，控制了现在水系的流向。川西地区"V"形深切河谷也是断块抬升的有力证据。

断块的相对下降，主要体现为新构造运动以来川内新生(或继承)断陷盆地的形成，如东部的成都盆地，以及西部受北北西、南北向断裂系统控制呈串珠状斜列式盆地，除成都盆地、安宁河谷盆地以及岷江河谷盆地为具有继承性的盆地外，其余皆为新生盆地。另外，若尔盖盆地在成因机制上与前述盆地有着明显区别，有研究认为它是川西高原隆起过程中的应力舒张区，表现为一个大面积整体下沉的断块。川内第四纪活动断裂及新生代盆地分布见图 2-6。

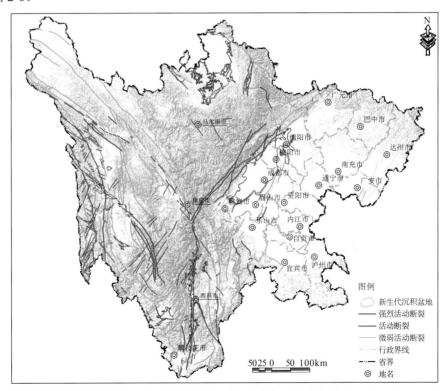

图 2-6　第四纪活动断裂及新生代盆地分布图

从本质上说,构造活动带都是壳幔物质不均衡、变化剧烈的地区,因而也是高热流和高地温梯度的地区,而这些地区通常较发育的断裂带正好为地下水的深循环提供了条件。川西地区正好处于青藏高原东部的新构造运动带上,网格断裂系的发育以及因地壳大幅度隆升引起的地形深切割使导水裂隙得以暴露,增大了水头压力,这些都势必形成强烈的地热显示。因此,川西地区的温泉主要沿着西北、北东、南北向断裂呈带状分布,如鲜水河、龙门山、则木河、理塘等断裂带。泉点集中出露的位置亦多受断裂带的交叉点和变异部位控制,特别是网格状断裂系统和早期断裂的交界处以及主断裂旁侧派生的次级张性断裂处,是温泉出露的主要场所。

## 2.1.5 地球物理场特征

### 2.1.5.1 重力场

地球重力场主要反映地球内部物质分布和地壳地质构造特征。从四川地区 $1° \times 1°$ 布格重力异常图(图2-7)上看,四川地区的布格重力异常的总趋势是东高西低,大体以东经104°线为界,东部异常变化平缓,线性异常主要为封闭式的重力高值,在东部盆地中部达到异常最高值-80mGal[①];西部异常变化急剧,线性异常走向以南北向为主,至川西北石渠地区达到异常最低值-490mGal 左右。

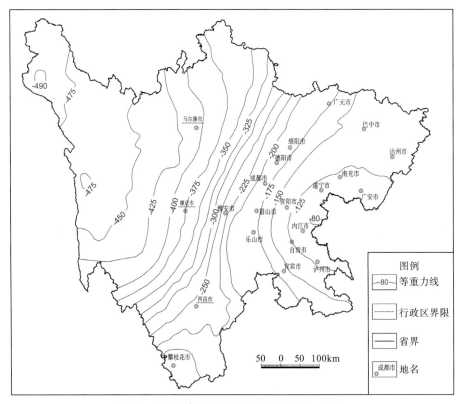

图2-7　四川省布格重力异常图(单位为 mGal)

---

① 1Gal=1cm/S$^2$。

东部地区主要为盆地和盆地四周环绕的一系列低中山，以广元—雅安—叙永作为盆地底部与周围山地的分界线，山地的山势均向盆地倾斜，重力异常由盆地向周围山地平缓下降。盆地内异常变化平缓，最高值为盆地中部的-80mGal，往盆地边缘的北西向大巴山弧、米仓山一线，重力异常值逐渐下降到-125mGal 左右，总体来说相对变化不大。西部地区主要为川西的高原和中高山地貌区及川西南的中山地貌区，重力值由东向西逐渐下降，由雅安地区的-240mGal 向西部石渠地区下降到-490mGal，局部相对变化较为剧烈。

一方面，从重力异常变化程度看，重力绝对值总体上与地形起伏一致，由东向西升高，重力等值线变化表现为东部盆地平缓，西部山区陡升，西部又趋平缓；从异常分布看，东部线性异常呈封闭式，西部线性异常则以南北向为主。这样的特征恰好反映出四川大地构造的基本特征。在构造线方向上，东部地区主要是走向北北东的几条隆起褶皱带和沉降带的新华夏构造体系，而西部则属于北西向、南北向的"歹"字形构造和经向构造体系。两大区域的异常形态与走向和构造上的两大构造体系基本一致。

另一方面，可以看到几条规模不等的重力梯度带，它们多对应断块间的断裂带。东部盆地西侧的一条重力梯度带沿都江堰往北经北川—青川往陕西一线延伸，北边较南边规模大，其对应北东向的龙门山断裂带，与其略平行、斜交的有灌县-江油重力梯度带。另一条为中江-仁寿重力梯度带，对应北东向的龙泉山断裂带。西部地区大致在东经 104°附近展布着一条近南北向的重力梯度带。它沿川北的岷山—龙门山西南端—邛崃山—大相岭—小相岭一线延伸，即从南坪—松潘—黑水经雅安—石棉至西昌一线，宽约 150km，是四川省内最大的一条重力梯度带，也是中国地块上最突出的梯度带之一。该带在石棉以北走向为北东，中段由石棉至西昌走向近南北，与安宁河重力梯度带略平行，对应安宁河断裂的经向构造带。南段西昌附近一带分为两支，一支为西昌-盐源重力异常带，对应着菁河-金河断裂带，另一支为伸向南东的西昌-普格-宁南重力异常带。西昌以南，重力梯度带变为舒缓，此处盐边-巧家重力梯度带对应一条纬向构造的隐伏深度断裂。除此之外，还有大邑-马边重力梯度带，呈弧状展布，规模较小。

重力的异常形态和区域的地质构造轮廓密切相关。四川地区盆地中部在资阳南东和内江北东处，盆地中部封闭的重力高值正好与之对应。由于重力场和莫霍面深度为线性函数关系，即 $H=A-B\Delta g$（$H$ 为莫霍面深度，$A$、$B$ 为常数，$\Delta g$ 为重力异常值），根据已有计算结果可知盆地中心莫霍面深度约为 37km，隆起边缘的渠县、合江莫霍面深度约为 38～39km，成都的莫霍面深度约为 44km。因此在四川地区重力值高的地区，对应着莫霍面的隆起；反之对应着莫霍面的拗陷。由此可以证明四川盆地为莫霍面的隆起，而西部高原对应着莫霍面的拗陷。

### 2.1.5.2  莫霍面

现有资料表明，四川的地壳具有成层性和不均一的多层结构特点。据资料所述，利用区域重力资料推算的四川莫霍面深度与深部构造分区如图 2-8 所示。莫霍面深度变化总趋势是，由东向西逐渐变深。东部盆地为一地幔台坪区，深度为 40km 左右，向西过龙门山、大雪山至甘孜、理塘一带，深度增至 60km 左右，相对变化达 20km，平均梯度为每千米加深 0.04km。

　　四川现今的构造地貌与深部莫霍面的起伏呈镜像关系：西部高山高原地区与深部莫霍面的拗陷区对应，东部盆地与地幔台坪区相对应。由于受北西、南北、北东多组深切断裂的影响，形成了四川深部的蝴蝶形构造轮廓。

　　根据莫霍面的起伏形态、幅度、展布方向及梯度等特征，将四川深部构造划分为两个构造区（表 2-4）。

### 1. 西部地幔拗陷区（Ⅰ）

　　该区位于松潘—康定—木里以西，对应松潘-甘孜地槽褶皱系、三江地槽褶皱系，地貌上为高山高原区。本区莫霍面深度为 55～62km，是四川省最深的部位。等深线显示，由东向西莫霍面缓慢下降，平均梯度为每千米加深 0.01km。

　　西部地幔拗陷区包括 2 个幔坡和 1 个幔凹，见图 2-8。

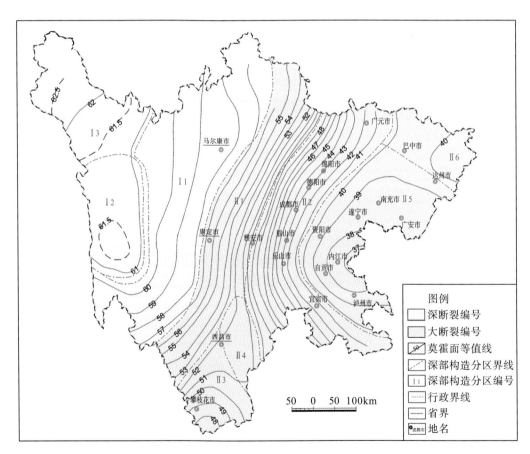

图 2-8　四川省莫霍面等深线图（单位为 km）

资料来源：《四川省区域地质志》（1991 年）

2. 东部地幔台坪区（Ⅱ）

该区以四川盆地为中心，包括盆周山区。莫霍面深度为 39～55km。区内幔坡、幔隆与幔凹呈北东向和南北向相间排列。

东部地幔台坪区包括 2 个幔坡、1 个幔台、1 个幔隆、1 个幔凹和 1 个幔坪（表 2-3）。

表 2-3　四川省深部构造分区与莫霍面特征一览表

| 深部构造区 | 深部构造亚区 | 莫霍面变化特征 |
| --- | --- | --- |
| 西部地幔拗陷区（Ⅰ） | 阿坝-稻城幔坡（Ⅰ₁） | 呈南北和北东向延伸，深度为 55～58km |
| | 巴塘-理塘幔凹（Ⅰ₂） | 呈南北向展布，深度为 60km 左右 |
| | 石渠-甘孜幔坡（Ⅰ₃） | 相对变化平缓，向北西倾，深度为 61km 左右 |
| 东部地幔台坪区（Ⅱ） | 汶川-石棉-木里幔坡（Ⅱ₁） | 大体相当于后龙门山冒地槽、盐源-丽江台缘拗陷等。总体呈北东向延伸，是莫霍面向西倾的陡坡带。石棉以北深度为 45～55km，以南深度为 50～55km |
| | 广元-成都-筠连幔坡（Ⅱ₂） | 大体上相当于龙门山台缘拗陷、川西台陷、上扬子台拗。莫霍面呈向西突出的弧形展布，深 40～50km |
| | 攀枝花幔隆（Ⅱ₃） | 是全川深部构造与地貌不成镜像关系的地区之一。呈南北向展布，深度为 50km 左右 |
| | 昭觉-巧家幔凹（Ⅱ₄） | 相当于凉山陷褶束。呈南北向展布，深度为 51km 左右，变化十分平缓 |
| | 川中幔台（Ⅱ₅） | 相当于川中台拱。深度为 39～40km，相对平坦，范围较大。幔台顶部呈北东向延展，形状规则完整，显示了深部具有稳定和较刚强性的特征 |
| | 川东北幔坪（Ⅱ₆） | 相当于川北台陷。相对平坦，范围不大，深度为 40km 左右 |

### 2.1.5.3　居里面

居里面是地球内部的一个等温面，是岩石中铁磁性矿物因温度升高达到居里点而由铁磁性变为顺磁性时的温度界面，在这个面以下的岩石由于温度超过居里点而被认为几乎无磁性。居里面主要与近期地壳构造变动所形成的地热状态有关，是一个特殊的温度界面，它不仅能表征地下温度场的分布特征，也可提供地壳深部热应力场和其他地球物理资料。

四川省居里面埋深较大，为 19～45km，总体呈现出东部埋深大、西部埋深小的特征，最大埋深位于川西北阿坝县与若尔盖县交界附近，为 45km，川东盆地次之，埋深为 30～40km；最小埋深位于川西稻城县以南，为 19km。

居里面呈现出较大的起伏变化特征（图 2-9），表征区内地热场的埋深差异较大；深度等值线呈浑圆状，表征区内热应力场的不均一性。居里面埋深大的地区，表示这些地带对应的地热流量相对低，温度场埋深较大；反之，表示该地带对应的地热流量相对高，温度场埋深较小。与其相对应的各区地层、岩石特征是：地热流量低的区块，相对应的密度值相对较大，反之则相对较小。

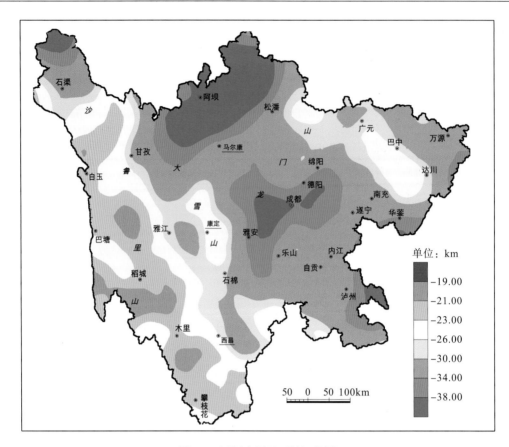

图 2-9　四川省居里面等深线图

根据中国陆域航磁计算居里面等值线平面图编绘

## 2.2　区域地温场特征

### 2.2.1　地温场特征

迄今为止，四川省尚未开展全面系统的测温工作，已有的工作主要集中于川西高原的甘孜州及川东盆地两个地区：甘孜州境内位于川藏铁路沿线两侧；川东盆地浅部集中于已开展浅层地热能工作的相关城市，中深层集中于进行油气资源的勘探与开发地区，如长宁—威远、泸州等地块。

盆地内油气资源开发时间久，投入的人力大、财力丰富，现已积累了较为丰富的地质、地球物理勘探及地温数据资料；川藏线测温钻孔数据尚处于保密阶段，其他地区的研究程度也远落后于东部盆地区。同时，东部四川盆地区热量来源于地压增温，而其他地区则主要依靠深大断裂导热。因此，后文仅对四川盆地中深层地温场特征进行说明。

#### 2.2.1.1　地温梯度特征

从地热资源成因来看，四川盆地地下深处热量以热传导为主，热储温度直接受地温梯度控制。诸多学者利用盆地内丰富的油气井资料进行研究，结果表明四川盆地地温梯度为17.7～33.3℃/km，平均值为 22.8℃/km。在区域分布上，地温梯度与盆地基底埋深大体呈负相关，川中至川西南地区的地温梯度比较高，为 24～30℃/km，沿东北方向向外逐渐下降至 20℃/km 左右，川东北外缘的地温梯度最低。

四川盆地内不同时代地层与地温梯度见表 2-4、图 2-10。

表 2-4  四川盆地不同时代地层与地温梯度对照表                    （单位：℃/km）

| 年代地层 | | 西部 | 西北部 | 中部 | 东部 | 西南部 |
|---|---|---|---|---|---|---|
| 侏罗系(J) | 遂宁组 | — | 22.0 | 20.5 | — | — |
| | 沙溪庙组 | — | 21.5 | 19.1～24.7 | 19.3～28.2 | 30.6～30.7 |
| | 自流井组 | — | 25.6 | 20.4～32.6 | 24.4～28.2 | 23.0 |
| 三叠系(T) | 须家河组 | 22.5 | 20.0 | 15.8～24.0 | 14.0～25.1 | 27.8 |
| | 雷口坡组 | 13.7 | 14.8 | 10.2～22.7 | 17.4～25.5 | 21.5～25.9 |
| | 嘉陵江组 | 32.5 | 26.3 | 9.5～26.3 | 15.0～21.6 | 15.6～27.2 |
| | 飞仙关组 | — | — | 32.8～36.8 | 19.0～29.6 | — |
| 二叠系(P) | | — | — | 26.3～34.8 | 13.6～29.7 | 15.5～29.8 |
| 志留系(S) | | — | — | 43.7 | — | — |
| 奥陶系(O) | | — | — | 41.0～53.8 | — | — |
| 寒武系(€) | | — | — | 24.3～25.6 | — | — |
| 震旦系(Z) | | — | — | 15.8～20.4 | — | — |

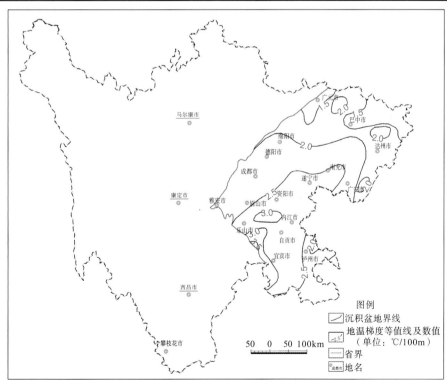

图 2-10  四川盆地地温梯度分布图

资料来源：《四川盆地区域地温场的特征》(谢晓黎和于汇津，1988)

总的来说，四川盆地不同地区、不同年代地层地温梯度差异明显，这与不同时代地层岩性、区域地质构造等因素有关，整体趋势是盆地中部高，往四周则逐渐降低。

四川盆地中部有一北东方向延伸的加里东隆起带，称为川中隆起；其基底是由前寒武纪地层组成的刚性块体，古生代地层埋深为 2000～4000m，它们多由热导率高或较高的岩石组成，如白云岩、灰岩，其上部覆盖有泥岩、页岩、粉砂岩等热导性差的岩层，由此构成盆地相对较高的地温分布区。

盆地西南部威远凸起和自流井凹陷地区同样为盆地中较高地温分布区。这里与南北构造带相连接，区域构造复杂，活动性强，地震常有发生，这些因素都可能加强深部热物质向上对流和热传导作用，使该区域地温增高。

盆地边缘山地，如东部华蓥山、东南乌蒙山、北部米仓山、东北部大巴山等区域热导率高的岩层受构造作用直接出露地表，裂隙、溶蚀孔洞等为浅部常温地下水的入渗提供了良好通道。裸露的岩层易于散热，地下水的下渗又降低岩体温度，综合作用造就这些区域地温相对较低。

盆地西北部及北部在古生代为一拗陷，中生代连续下沉，沉积厚度达 6000m 以上，基底埋藏更深，上部热导性差的地层厚大连续，同样造就了该区块地温梯度相对较低的背景。

#### 2.2.1.2 深部地温场特征

利用丰富的油气井测温资料，得到四川省盆地深部 1000m、2000m 和 3000m 地温场分布图(图 2-11～图 2-13)。

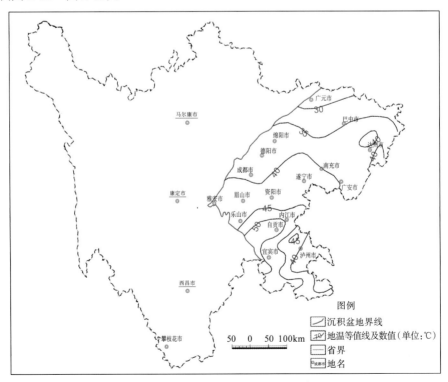

图 2-11    四川盆地 1000m 深地温分布图

资料来源：《四川盆地区域地温场的特征》(谢晓黎和于汇津，1988)

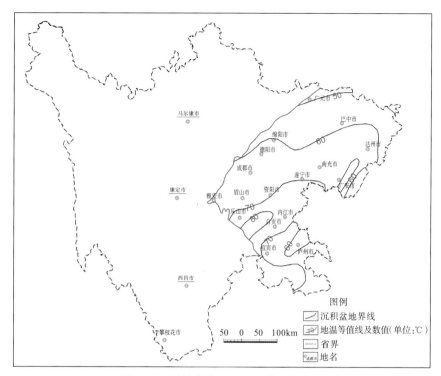

图 2-12　四川盆地 2000m 深地温分布图

资料来源：《四川盆地区域地温场的特征》（谢晓黎和于汇津，1988）

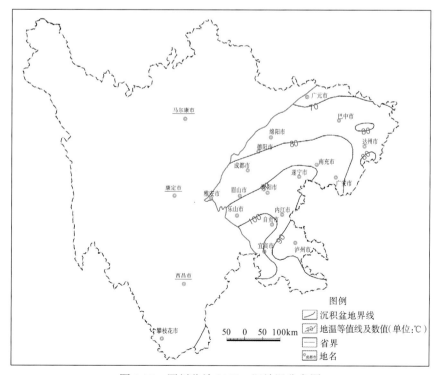

图 2-13　四川盆地 3000m 深地温分布图

资料来源：《四川盆地区域地温场的特征》（谢晓黎和于汇津，1988）

综合看来，整个盆地区内 1000m、2000m、3000m 深度的地温场分布与深度呈正相关关系，随深度的增大，其温差呈现逐渐增大的特征。各特定深度的等温线图上都出现了两个地温相对高的区域，其中幅度最大的是威远异常，其次是泸州-重庆异常。威远异常在各特定深度的等温线图上都为盆地中地温最高的区域，异常中心不随深度变化而变化，但异常幅度随深度加大而逐渐加大。泸州-重庆异常在 1000m 深度时形态接近一椭圆，中心在重庆和泸州之间。2000m 深处，异常范围加大，形态拉长，走向近北东，而 3000m 深以后，该异常与威远异常相连，成为威远异常的一部分。

盆地中深部地温场受区域地质构造及基地起伏等其他因素的控制和影响，呈现出明显的规律性，基底构造的形态和岩石热物理性质可能是产生深部地温差异的主要原因。盆地西南部地温增高的原因除上述外，构造活动也较其他地区强，断裂亦较发育，这些都可能是区域地温增高的重要因素。盆地东部与北部、西北部基本相同，但受梳状褶皱所形成的背斜和向斜构造控制，地温常与构造相对应，并呈北东或北北东方向高、低温相间的宽、窄条带状分布。

## 2.2.2  大地热流特征

地球内部蕴藏着巨大的热能，无时无刻不在向外释放热量。为了衡量这部分热量的大小，我们引入了大地热流密度这个概念。它是衡量地球内热的基本物理量，是指单位面积、单位时间内由地球内部传输至地表，而后散发到太空中的热量，反映了地球内热在全球表面单位面积上的散热功率，简称大地热流或热流。这里需要强调的是，热流所描述的是稳态热传导所传输的热量，在非稳态或有对流参与的情况下（如存在水热活动的热异常区），地球的散热量可以用热流通量来表征，它包含了传导和对流热流分量的总和。后文所述的为稳态热传导下的大地热流。

大地热流是一个综合性热参数，其测定和分析是地热研究中的一项基础性工作。在理论上，它对地壳的热状态与活动性、地壳与上地幔的热结构及其与某些地球物理场的关系等理论问题的研究具有重要意义；在应用上，它是区域热状况及地壳稳定性评定、矿山深部地温预测与热害防治、地热资源潜力与资源量评价、油气生成能力与生油过程分析等应用方面的一个重要基础性参数。

在实际对大地热流的测算中，一般假设地壳中热量的传递符合一维稳态热传导的傅里叶定律，其数学表达式为

$$q = -k\frac{\mathrm{d}\theta}{\mathrm{d}z} = -k \cdot G \tag{2-1}$$

式中，$q$——热流值($\mathrm{mW \cdot m^{-2}}$)；

  $k$——岩石热导率($\mathrm{W \cdot m^{-1} \cdot K^{-1}}$)；

  $\theta$——温度(℃)；

  $z$——深度(km)；

  $G$——地温梯度(℃·km$^{-1}$)；

  负号——$q$ 的方向垂直向上，即由地球内部温度高处流向地表温度低处。

故一个地区的热流值在数值上等于地温梯度和岩石热导率的乘积,可通过测量地温梯度及对应的岩石热导率获得。对于地温梯度而言,在热传导条件下,地壳浅层地温随深度通常表现为线性增加,地温梯度变化不大;对于测温段内包含多个不同地层岩性而言,计算整个测温段的岩石热导率时,考虑到温度随深度的变化直线与岩石的热阻($1/K$)成反比,一般按调和平均值计算平均热导率。

实际测算热流时,在陆地上通常由钻井地温测量来获取垂向地温梯度,选取测温段内有代表性的岩心样品或地表露头样品,通过实验室测定其岩石热导率;而海洋(湖泊)热流的测定,一方面可通过海底(湖泊)钻井采用相同方法获得,但大范围的海底(湖底)热流测量主要通过海底(湖底)热流探针获得,如西藏羊卓雍错、东部沿海地区。

### 2.2.2.1　钻孔测温

地温测量往往通过钻孔稳态测温来实现,即钻孔施工完成静止一定时间,待井孔内井液与井壁岩石(层)达成热平衡后,开展井温测量,此时获得的井温代表着地层真实的地温。考虑到井温测温往往受工程条件、工程费用等限制,在数量、空间和深度等分布上都很有限,实际应用中,往往借助各类工程建设、资源开采及少数的科研投入的钻孔测量获得。

四川省盆地地区富含丰富的油气资源,川西高原甘孜州一带因重大民生工程——川藏铁路的建设而展开了一系列测温钻孔工作,其他地区尚未开展这项工作,下面即以四川盆地、川西高原及川西北高原收集到的钻孔测温数据为例,简单说明这些地区的钻孔测温特征。

#### 1. 四川盆地

自 20 世纪 80 年代起,诸多学者开始了针对四川盆地的地温场及大地热流研究。研究表明,盆地区地下深处的热量以热传导为主,热储温度受地温梯度及埋深控制。本书筛选了盆地内不同构造分区、不同深度的 9 个钻孔,开展了稳态井温测井,所得数据如表 2-5 所示,部分钻孔温度整体呈线性分布(图 2-14)。

表 2-5　四川盆地钻孔测温信息记录表

| 钻孔编号 | 地理位置 | | 测温深度 $z/m$ | 地温梯度 $G/(℃·km^{-1})$ | 静井时间 |
| --- | --- | --- | --- | --- | --- |
| | 经度(E) | 纬度(N) | | | |
| 丁山 1 孔 | 106°40′18″ | 28°35′34″ | 0～3340 | 24.5 | 约 60 天 |
| 川泉 128 孔 | 104°31′37″ | 30°55′03″ | 0～3280 | 22.4 | 大于 5 年 |
| 川石 55 孔 | 106°01′08″ | 31°31′23″ | 0～3020 | 22.0 | 约 1 年 |
| 龙深 1 孔 | 103°51′43″ | 31°13′57″ | 0～4180 | 22.4 | 约 60 天 |
| 川 5 孔 | 104°56′31″ | 29°42′22″ | 0～1540 | 22.6 | 2 年以上 |
| 龙 651 孔 | 104°18′18″ | 30°40′05″ | 0～3301 | 24.0 | 约 1 年 |
| 双庙 101 孔 | 107°35′40″ | 31°25′34″ | 0～2252 | 22.2 | 约 50 天 |
| 普光 12 孔 | 107°48′51″ | 31°32′04″ | 0～1801 | 23.1 | 约 5 个月 |
| 铁北 1 孔 | 107°30′48″ | 31°24′34″ | 0～1340 | 20.6 | 约 3 个月 |

资料来源:《四川盆地钻孔温度测量及现今地热特征》(徐明等,2011)。

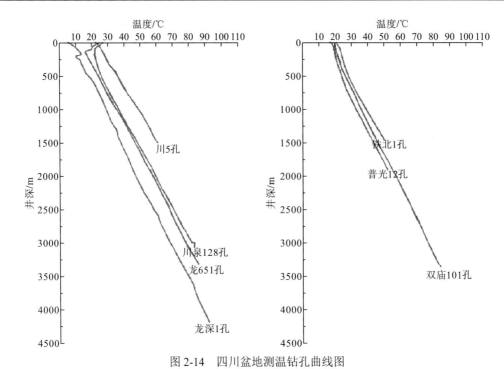

图 2-14    四川盆地测温钻孔曲线图

资料来源:《四川盆地钻孔温度测量及现今地热特征》(徐明等,2011)

可以看出地温梯度在垂向上的分布并非呈现严格的线性关系:浅层受日晒雨淋、浅层地下水活动影响,曲线波动明显;随着埋深增大,曲线存在着部分凸起,这与地层的岩性热导率变化及地下水活动有关。

2. 川西高原

川西高原地质条件复杂、气候恶劣,已有的钻孔多集中于川藏线及部分市县地热资源开发区块。这些钻孔有的测温曲线形态与盆地区一致,温度随深度加深呈现线性增长,反映热传导特征;有的与盆地区存在明显差异,温度曲线存在突变,温度随深度加深呈现突变,并非线性关系,反映出热传导与热对流混合特征。

1)热传导特征井温曲线

主要以收集到的康定折多山、雅江迎金山及帕姆岭钻孔为例进行说明。这些钻孔位于川藏线两侧,周边并无天然温泉、地热井等热异常显示点出露。

(1)康定折多山钻孔。该孔孔深 863.3m,物探测井深度为 859.28m,孔口温度为 6.1℃,孔底温度为 30.1℃,整体随深度增加,温度升高,对应钻孔测井曲线见图 2-15。整体岩性以岩浆岩为主,埋深为 200m 往下,测温曲线呈现出很好的线性关系,求得地温梯度为 32.1℃/km,与正常地温梯度基本一致(30℃/km)。

(2)雅江迎金山钻孔 1。该孔孔深 1005m,物探测井深度为 1004.8m,孔口温度为 3.5℃,孔底温度为 20℃,150m 以下随深度增加,温度升高,对应钻孔测井曲线见图 2-16。该钻孔地层岩性以变质砂岩、砂板岩等变质岩为主,埋深为 200m 往下,测温曲线呈现出很好的线性关系,求得地温梯度为 20.45℃/km,低于正常地温梯度(30℃/km)。

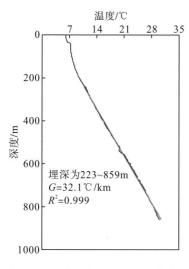

图 2-15　康定折多山钻孔测温曲线图

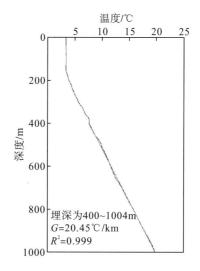

图 2-16　雅江迎金山钻孔 1 测温曲线图

　　(3) 雅江迎金山钻孔 2。该孔孔深 1007m，物探测井深度为 1002.58m，孔口温度为 4.9℃，孔底温度为 21.1℃，200m 以下随深度增加，温度升高，对应钻孔测温曲线见图 2-17。整体岩性以变质岩为主，埋深为 200m 往下，测温曲线呈现出很好的线性关系，求得地温梯度为 19.3℃/km，低于正常地温梯度(30℃/km)。

　　(4) 雅江县帕姆岭钻孔。该孔孔深 935.5m，物探测井深度为 935.5m，孔口温度为 7.5℃，孔底温度为 20.5℃，580～600m 温度发生突变，600m 以下随深度增加，温度升高，对应钻孔测井曲线见图 2-18。该钻孔地层岩性以变质砂岩、砂板岩等变质岩为主。埋深为 600m 往下，测温曲线呈现出很好的线性关系，求得地温梯度为 24.25℃/km，低于正常地温梯度(30℃/km)。

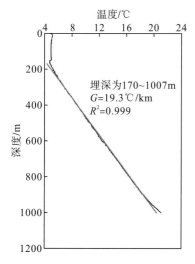

图 2-17　雅江迎金山钻孔 2 测温曲线图

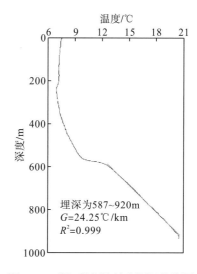

图 2-18　雅江帕姆岭钻孔测温曲线图

总体来看，在无热异常显示区域，地温梯度多为 20～30℃/km，多小于正常地温梯度。

2）热对流及热传导混合特征井温曲线

以康定市榆林街道地热井和甘孜县城南的卓德地热井为例进行说明。这些钻井周边均分布有天然温泉、地热井等热异常显示点。

（1）康定市榆林街道地热井。该井井深 109.2m。物探测井显示其井口温度为 132℃，井底温度为 172℃，井深 5～70m 段温度呈上升趋势，70m 处达到一个温度高点 159℃后出现转折，温度缓慢下降趋于稳定，至井深 95m 处温度骤然升高，最终上升至 172℃，如图 2-19 所示。

（2）甘孜县城南的卓德地热井。井深 120m。物探测井显示其井口温度为 32℃，井底温度为 127℃，12m 以内砂卵砾石层温度较低，基岩段温度稳定上升，于 35m 即达到 105℃，35～50m 温度急剧上升，50m 之后温度基本稳定在 127℃左右（图 2-20）。

这一现象说明，川西高原热异常地区热流体增温的因素并非正常的地温梯度传导增温，而是受地下热流上涌影响。对于受对流影响的测温曲线，后期可通过地下水活动进行校正得到真实的热流值。

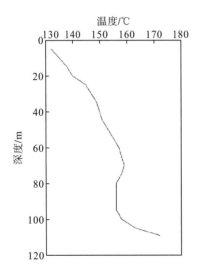

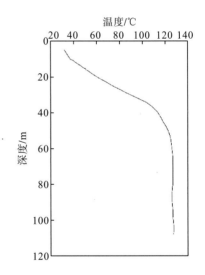

图 2-19　康定市榆林街道地热井测温曲线图　　图 2-20　甘孜县城南卓德地热井测温曲线图

### 3. 川西北高原

该地区测温钻孔匮乏，仅收集两个钻孔测温数据如下。

（1）阿坝县安羌镇钻孔 1。孔深 208.9m，物探测井深度为 208.9m，孔口温度为 4.9℃，孔底为 8.0℃，40m 以下随深度增加，温度升高，对应钻孔测井曲线见图 2-21。该钻孔地层岩性为板岩，埋深为 90～180m，测温曲线呈现出很好的线性关系，求得地温梯度为 22.2℃/km，较低于正常地温梯度（30℃/km）。

(2)阿坝县安羌镇钻孔2。孔深334.2m,物探测井深度为334.2m,孔口温度为14℃,孔底为12.3℃,60m以下随深度增加,温度升高,对应钻孔测井曲线见图2-22。该钻孔地层岩性为板岩,埋深60m以下,测温曲线呈现出很好的线性关系,求得地温梯度为23.2℃/km,较低于正常地温梯度(30℃/km)。

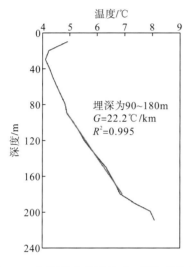
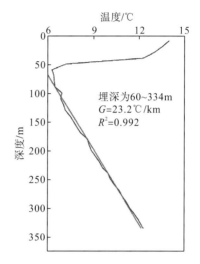

图2-21 阿坝县安羌镇钻孔1测温曲线图    图2-22 阿坝县安羌镇钻孔2测温曲线图

总的看来,在无热异常显示区域,地温梯度多为20~30℃/km,多小于正常地温梯度,也与区域上川西北高原处于低热流背景一致。

#### 2.2.2.2 岩石热导率

岩石热导率主要通过钻孔岩心样品热物性测试获取。影响岩石热导率的主要因素有化学成分、矿物组成、结构和构造、孔隙度、温度、压力及孔隙饱水度等。不同岩石由于其矿物成分、结构和构造不同,其热导率也各不相同;同一类岩石,由于岩石中矿物组成比例、结构的差异,其热导率会存在一定的变化范围。热导率随压力增加而升高,随温度增加而下降,在一定程度上,两者在地壳深部可以互相抵消,一般可不考虑岩石热导率的温压校正,仅考虑孔隙度及饱水程度对热导率的影响。

四川省地热地质条件复杂,东部盆地与西部山区差异明显;另外,作为陆域主要的海相沉积盆地之一,东部四川盆地是国内油气勘探的重要区域,研究程度远高于西部山区。故总体而言,盆地中各类岩石热导率相对较完善。

1. 四川盆地

盆地区岩石样品热导率与埋藏深度关系不大,这是因为盆地区岩层一般都经过深埋、压实和抬升剥蚀过程,岩石热导率主要由岩性决定。四川盆地区沉积地层不同岩性修正后的热导率值见表2-6。

表 2-6　四川盆地沉积地层岩石热导率 [单位：W/(m·K)]

| 地层 | 主要岩性 | 热导率 | 平均值 |
|---|---|---|---|
| 白垩系(K) | 砂岩 | 1.861～3.085 | 2.46±0.41 |
|  | 硬石膏 | 2.389 | 2.39 |
| 侏罗系(J) | 砂岩 | 1.827～3.773 | 2.70±0.52 |
|  | 泥岩 | 2.004～3.153 | 2.50±0.26 |
|  | 灰岩 | 2.15～3.65 | 2.68±0.50 |
| 上三叠统须家河组(T₃xj) | 砂岩 | 2.244～4.99 | 3.46±0.65 |
|  | 泥岩 | 1.798～3.142 | 2.44±0.48 |
| 中下三叠统(T₁₋₂) | 砂岩 | 2.576～4.164 | 3.62±0.57 |
|  | 泥岩 | 3.118 | 3.12 |
|  | 白云岩 | 1.905～5.547 | 3.50±0.67 |
|  | 灰岩 | 1.966～4.636 | 2.64±0.57 |
|  | 硬石膏 | 3.463～3.753 | 3.60±0.12 |
| 二叠系(P) | 砂岩 | 2.335 | 2.34 |
|  | 泥岩 | 1.694～3.331 | 2.36±0.60 |
|  | 白云岩 | 2.364～3.246 | 2.91±0.36 |
|  | 灰岩 | 1.742～2.934 | 2.42±0.35 |
| 石炭系(C) | 灰岩 | 2.216 | 2.22 |
| 志留系(S) | 泥岩 | 2.064～2.795 | 2.46±0.30 |
|  | 灰岩 | 1.955～2.632 | 2.38±0.20 |
|  | 白云岩 | 2.237～3.378 | 2.64±0.46 |
| 奥陶系(O) | 灰岩 | 2.199～2.302 | 2.25±0.05 |
| 寒武系(Є) | 泥岩 | 2.157～2.868 | 2.58±0.25 |
|  | 白云岩 | 4.585～4.638 | 4.61±0.03 |
| 震旦系(Z) | 白云岩 | 3.311～4.696 | 4.01±0.36 |

数据来源：《四川盆地钻孔温度测量及现今地热特征》(徐明等, 2011)。

可见，盆地内各地层不同岩性岩石热导率平均值为 2.22～4.61W/(m·K)，石炭系灰岩热导率最低，寒武系白云岩岩石热导率则相对较高。盆地内主要开采的热储层为三叠系中、下统以及二叠系下统的碳酸盐岩地层，其中三叠系白云岩热导率平均值在 3.5W/(m·K) 左右，灰岩 2.64W/(m·K) 左右；二叠系白云岩热导率平均值 2.91W/(m·K) 左右，灰岩 2.42W/(m·K) 左右。以泥岩为主作为隔水保温的盖层具有相对较小的热导率，而作为盆地内主要热储层的白云岩、灰岩则具有较大的热导率，这点也解释了前文盆地内钻孔地温梯度会出现凸起的原因。

2. 川西高原

受岩石样品中化学成分、矿物组成、结构和构造等不同影响，川西高原地区深部岩石热导率差异较大，但整体而言小于盆地区沉积盖层岩石热导率。表 2-7 为部分岩样热导率实测值。

表 2-7 川西高原岩石样品检测成果表 [单位：W/(m·K)]

| 地层(岩性) | 取样位置 | 热导率 | 平均值 |
|---|---|---|---|
| $T_2z$(钙质石英片岩) | 康定市热水塘 | 2.145 | 2.15 |
| $T_2z$(结晶灰岩) | 康定市折多塘村 | 2.29~3.44 | 2.99±0.40 |
| $\gamma\beta_5^2$(黑云母花岗岩) | 康定市折多山 | 2.28~2.65 | 2.40±0.10 |
| $T_2s$(变细粒岩屑石英杂砂岩) | 理塘县甲洼镇 | 1.300 | 1.30 |
| $T_1d$(石英绢云千枚岩) | 巴塘县热水塘 | 2.173 | 2.17 |
| $\in$(云母石英片岩) | 白玉县盖玉镇 | 2.01~2.88 | 2.42±0.29 |
| $T_3zh$(灰质白云岩) | 道孚县苍龙沟 | 1.835 | 1.84 |
| $T_3ln$(石英绢云千枚岩) | 甘孜县曲卡村 | 2.486 | 2.49 |
| $T_3lm$(二云母千枚岩) | 乡城县克麦村 | 1.936 | 1.94 |

### 2.2.2.3 大地热流分布特征

大地热流整体由地壳热流、构造热流和地幔热流构成，其分布变化与这三个分量的时空格局有关。一般来说，大尺度的板块、板块尺度的构造缝合带控制着区域整个热流分布，构造活动越强烈或构造-热事件年龄越小的地区，大地热流背景值越高，构造稳定区则多以低热流背景为特征；莫霍面、居里面埋深，岩浆活动，基地起伏与构造形态、放射性生热及断层摩擦生热等因素影响着局部温度场特征，从而造成局部高热流异常。这些主次因素相互作用，共同影响着大地热流的分布，促成了我国东高西低、南高北低的整体大地热流格局。

我国系统、正规的大地热流测试工作始于 20 世纪 70 年代初，汇编工作始于 1988 年。中国科学院地质与地球物理研究所一直从事着我国热流数据的汇编工作，先后完成了四次汇编并公开发表了 1230 个热流数据，第五次全国大地热流汇编也在如火如荼地开展中。

由于测试条件和测试方法的不同，热流数据的质量必然有所差异。综合地温测量、岩石样品热导率测试、热流计算段的选取和测点的地质背景等情况，一般将收集的热流数据划分为 A、B、C、D 四个质量类别(表 2-8)。其中，D 类是不具有区域或深部热状态代表性的数据，它们或是位于明显的地热异常区，或是测量结果明显受近地表干扰因素的影响而又无法进行相应的校正。这类数据的实测值尽管可能是客观的，但只反映局部或浅层异常情况，而不具有区域或深部热状态的意义。不过这类数据对于研究该地区的新构造活动、水文地质条件以及热异常成因等仍然具有一定的参考价值。依据以上原则，此 82 个大地热流点最终划分为：A 类级别点 46 个，B 类级别点 12 个，C 类级别点 17 个，D 类级别点 7 个(表 2-9，图 2-23)。

表 2-8 大地热流点质量分类表

| 质量分类 | 质量 | 划分原则 |
|---|---|---|
| A | 高质量 | 地温曲线的线性关系好，属稳态传导型温度曲线，岩石热导率样品采自测温段，并具有能代表该测温段岩石热物性质的足够数量的样品；热流计算段长度较大，一般大于 50m |
| B | 较高质量 | 数据的基本情况同 A 类，只是由于种种原因，测温段或热流计算段长度较小，岩石热导率样品数量不足，或采用邻区测试结果或文献值 |
| C | 较差质量或质量不明 | 数据在热流测试钻孔或邻区无法取到岩石热物理性质测试样品，热流计算中岩石热导率参数只能取或参考相应岩类的文献值，无法判定其真实质量类别 |
| D | 局部异常 | 测试结果明显存在浅层或局部因素的干扰，或测点位于明显地表地热异常区 |

表 2-9　四川省已公布大地热流点信息一览表

| 序号 | 位置 | 地理位置 | | 深度范围 z/m | 地温梯度 $G/(℃·km^{-1})$ | 热导率 $k[W/(m·K)]$ | 热流值 $/(mW·m^{-2})$ | | 质量级别 |
|---|---|---|---|---|---|---|---|---|---|
| | | 经度(E) | 纬度(N) | | | | 实测值 | 校正值 | |
| 1 | 四川盐源 | 101°10′ | 27°20′ | 480~550 | 15.08±0.64 | 5.92±0.23 | 89.3 | — | D |
| 2 | 四川盐边 | 101°31′ | 26°44′ | 460~620 | 15.51±0.44 | 2.32±0.11 | 36.0 | 40.2 | A |
| 3 | 四川盐边 | 101°34′ | 26°47′ | 130~340 | 11.04±0.8 | 33.53±0.25 | 39.0 | 45.6 | A |
| 4 | 四川阿坝 | 101°39′ | 32°56′ | 80~770 | 42.87±3.32 | 0.84±0.05 | 36.0 | — | B |
| 5 | 四川攀枝花 | 101°46′ | 26°37′ | 120~230 | 11.69±0.59 | 2.34±0.11 | 27.4 | — | C |
| 6 | 四川会理 | 101°58′ | 26°12′ | 280~460 | 19.13±2.50 | 3.35±0.20 | 64.1 | 72.0 | A |
| 7 | 四川攀枝花 | 101°58′ | 26°42′ | 280~810 | 21.83±0.61 | 2.63±0.12 | 58.5 | 56.9 | A |
| 8 | 四川攀枝花 | 101°59′ | 26°42′ | 280~780 | 20.90±0.55 | 2.42±0.08 | 50.6 | 52.8 | A |
| 9 | 四川米易 | 102°00′ | 26°43′ | 360~750 | 24.87±0.81 | 2.59±0.10 | 64.4 | 66.6 | A |
| 10 | 四川米易 | 102°00′ | 26°43′ | 360~560 | 19.84±1.12 | 2.99±0.37 | 59.3 | 67.0 | A |
| 11 | 四川米易 | 102°00′ | 26°47′ | 300~390 | 26.52±1.48 | 3.17±0.29 | 84.1 | 77.9 | A |
| 12 | 四川米易 | 102°00′ | 26°47′ | 180~420 | 27.33±0.61 | 3.62±0.07 | 98.9 | 90.0 | A |
| 13 | 四川西昌 | 102°08′ | 27°54′ | 520~760 | 20.33±1.12 | 2.71±0.11 | 55.1 | 51.5 | A |
| 14 | 四川泸沽 | 102°13′ | 28°16′ | 200~440 | 17.44±0.87 | 4.35±0.10 | 75.9 | 71.2 | A |
| 15 | 四川丹棱 | 103°25′ | 30°04′ | 1400~3200 | 25.1±3.9 | 2.28±2.61 | 57.2 | 59.2 | A |
| | | | | 3200~4800 | 18.0±4.1 | 3.51±0.88 | 63.2 | | |
| | | | | 4800~5000 | 25.0±1.4 | 2.52±8.6 | 63.0 | | |
| | | | | 5000~5600 | 20.3±6.3 | 2.61±1.09 | 53.0 | | |
| 16 | 四川彭州 | 103°52′ | 31°04′ | 4900~5900 | 22.0±5.3 | 2.52±0.86 | 55.4 | — | A |
| 17 | 四川什邡 | 104°10′ | 31°11′ | 0~2800 | 18.12±2.11 | 2.42±0.07 | 43.9 | — | C |
| 18 | 四川绵竹 | 104°11′ | 31°14′ | 3000~4000 | 23.7±1.9 | 2.52±0.86 | 59.7 | — | A |
| 19 | 四川绵竹 | 104°13′ | 31°15′ | 3330~3370 | 13.6±4.2 | 2.52±0.86 | 34.3 | — | C |
| 20 | 四川剑阁 | 104°21′ | 31°19′ | 3200~3950 | 17.5±6.4 | 2.522±0.86 | 44.1 | — | B |
| 21 | 四川安州 | 104°25′ | 31°35′ | 160~960 | 20.25±0.54 | 2.40±0.15 | 48.6 | — | A |
| 22 | 四川安州 | 104°29′ | 31°25′ | 3850~4050 | 17.0±4.2 | 2.52±0.86 | 42.8 | — | B |
| 23 | 四川北川 | 104°35′ | 31°44′ | 40~620 | 10.56±0.19 | 3.35±0.18 | 35.4 | 32.8 | A |
| 24 | 四川江油 | 104°42′ | 31°47′ | 40~3040 | 19.07±0.40 | 2.60±0.15 | 49.8 | — | B |
| 25 | 四川江油 | 104°48′ | 31°50′ | 4400~5200 | 16.6±10.4 | 3.04±0.85 | 50.5 | — | C |
| 26 | 四川三台 | 105°06′ | 31°17′ | 500~2620 | 23.57±0.48 | 2.35±0.10 | 55.4 | — | A |
| 27 | 四川潼关 | 105°07′ | 31°31′ | 0~7175 | 21.13±1.95 | 2.47±0.08 | 52.4 | — | C |
| 28 | 四川剑阁 | 105°21′ | 32°04′ | 3700~4800 | 21.6±4.7 | 2.52±0.86 | 54.4 | 56.3 | A |
| | | | | 4800~5300 | 14.7±1.9 | 4.15±0.89 | 61.0 | | |
| | | | | 5300~6100 | 18.4±4.6 | 3.04±0.85 | 55.9 | | |
| 29 | 四川剑阁 | 105°34′ | 31°46′ | 3900~4900 | 14.3±3.4 | 2.52±0.86 | 36.0 | — | C |
| 30 | 四川遂宁 | 105°36′ | 30°27′ | 80~2000 | 27.12±0.75 | 2.63±0.09 | 71.3 | — | A |
| 31 | 四川武胜 | 106°08′ | 30°22′ | 0~6021 | 25.64±3.60 | 2.88±0.14 | 73.8 | — | C |

续表

| 序号 | 位置 | 地理位置 | | 深度范围 z/m | 地温梯度 $G/(℃·km^{-1})$ | 热导率 $k/[W/(m·K)]$ | 热流值 $/(mW·m^{-2})$ | | 质量级别 |
|---|---|---|---|---|---|---|---|---|---|
| | | 经度（E） | 纬度（N） | | | | 实测值 | 校正值 | |
| 32 | 四川广安 | 106°50′ | 30°33′ | 42~2933 | 22.04±0.66 | 2.82±0.27 | 62.2 | — | A |
| 33 | 四川绵阳 | 104°32′00″ | 31°16′00″ | 4215~5262 | 18.95 | 2.56 | 48.5 | — | A |
| 34 | 四川南充 | 106°01′00″ | 31°31′00″ | 1500~2850 | 22.03 | 2.18 | 48.0 | — | A |
| 35 | 四川达川 | 106°42′00″ | 31°45′00″ | 2574~4070 | 21.79 | 1.95 | 42.5 | — | A |
| 36 | 四川达川 | 107°09′00″ | 32°09′00″ | 3890~5010 | 17.70 | 2.57 | 42.5 | — | A |
| 37 | 四川绵阳 | 104°13′00″ | 31°14′00″ | 1857~2639 | 17.70 | 2.92 | 52.3 | — | A |
| 38 | 四川梓潼 | 105°06′00″ | 31°32′00″ | 1000~3000 | 23.55 | 2.44 | 57.5 | — | C |
| 39 | 四川武胜 | 106°08′00″ | 30°22′00″ | 5530~6010 | 14.38 | 3.61 | 51.9 | — | C |
| 40 | 四川蓬溪 | 105°34′00″ | 30°40′00″ | 100~1468 | 23.10 | 2.44 | 56.4 | — | C |
| 41 | 四川江油 | 104°47′00″ | 31°45′00″ | 60~1720 | 18.86 | 2.44 | 46.0 | — | C |
| 42 | 四川武胜 | 106°25′00″ | 30°28′00″ | 1420~2690 | 14.65 | 2.87 | 42.0 | — | C |
| 43 | 四川自贡 | 104°43′00″ | 29°21′00″ | 2200~2500 | 20.00 | 2.93 | 58.6 | — | C |
| 44 | 四川遂宁 | 105°41′00″ | 30°17′00″ | 1900~2400 | 24.20 | 2.57 | 62.2 | — | C |
| 45 | 四川蒲江 | 103°27′00″ | 30°10′00″ | 2600~3600 | 21.90 | 2.68 | 58.7 | — | B |
| 46 | 四川什邡 | 104°10′00″ | 31°10′58″ | 1000~2700 | 17.82 | 2.39 | 42.6 | — | C |
| 47 | 四川盐亭 | 105°08′00″ | 31°15′00″ | 300~2600 | 24.13 | 2.39 | 57.7 | — | D |
| 48 | 四川绵竹 | 104°05′26″ | 31°19′04″ | 3170~3940 | 17.48±2.32 | 3.23±0.14 | 56.5 | — | B |
| 49 | 四川纳溪 | 105°25′00″ | 28°33′00″ | 2612~2960 | 20.98 | 2.93 | 61.5 | — | B |
| 50 | 四川南溪 | 105°01′00″ | 28°54′00″ | 735~2269 | 14.28 | 2.85 | 40.7 | — | D |
| 51 | 四川宜宾 | 104°24′00″ | 29°06′00″ | 2430~3400 | 24.33 | 2.92 | 71.0 | — | C |
| 52 | 四川仪陇 | 106°23′00″ | 31°19′00″ | 1944~2260 | 27.53 | 2.43 | 66.9 | — | D |
| 53 | 四川达川 | 107°33′00″ | 31°09′00″ | 500~1800 | 19.38 | 3.21 | 62.2 | — | C |
| 54 | 四川苍溪 | 106°26′00″ | 32°06′00″ | 2350~2748 | 20.60 | 2.44 | 50.3 | — | B |
| 55 | 四川南部 | 105°40′00″ | 31°17′00″ | 2500~2760 | 20.38 | 2.39 | 48.7 | — | B |
| 56 | 四川罗江 | 104°34′00″ | 31°16′00″ | 1750~4800 | 23.93 | 2.35 | 56.2 | — | D |
| 57 | 四川蓬溪 | 105°52′00″ | 30°42′00″ | 700~1900 | 18.50 | 2.48 | 45.9 | — | B |
| 58 | 四川江安 | 105°11′00″ | 28°35′00″ | 1320~2420 | 17.18 | 3.00 | 51.5 | — | B |
| 59 | 四川纳溪 | 105°23′00″ | 28°47′00″ | 690~1970 | 20.47 | 2.84 | 58.1 | — | D |
| 60 | 四川长宁 | 104°57′00″ | 28°41′00″ | 1520~2440 | 11.20 | 3.00 | 32.6 | — | D |
| 61 | 四川泸县 | 105°37′00″ | 29°04′00″ | 1120~1620 | 19.10 | 2.57 | 49.1 | — | B |
| 62 | 四川盆地 | 106°06′22″ | 32°03′43″ | 150~5550 | 24.00 | 2.23 | 54.0 | — | A |
| 63 | 四川盆地 | 106°20′18″ | 32°12′14″ | 1947~6006 | 25.00 | 2.26 | 57.0 | — | A |
| 64 | 四川盆地 | 106°42′00″ | 31°45′00″ | 2574~4000 | 22.00 | 1.95 | 43.0 | — | A |
| 65 | 四川盆地 | 107°09′00″ | 32°09′00″ | 3890~5010 | 20.00 | 2.49 | 50.0 | — | A |
| 66 | 四川盆地 | 107°45′27″ | 31°19′14″ | 3783~5435 | 22.00 | 2.31 | 51.0 | — | A |
| 67 | 四川盆地 | 107°49′36″ | 31°40′26″ | 2224~4112 | 18.00 | 2.48 | 45.0 | — | A |
| 68 | 四川盆地 | 107°51′53″ | 31°41′32″ | 3347~4599 | 18.00 | 2.27 | 41.0 | — | A |

续表

| 序号 | 位置 | 地理位置 | | 深度范围 z/m | 地温梯度 G/(℃·km⁻¹) | 热导率 k[W/(m·K)] | 热流值 /(mW·m⁻²) | | 质量 级别 |
|---|---|---|---|---|---|---|---|---|---|
| | | 经度(E) | 纬度(N) | | | | 实测值 | 校正值 | |
| 69 | 四川盆地 | 107°52′47″ | 31°13′33″ | 2381~3861 | 20.00 | 2.23 | 45.0 | — | A |
| 70 | 四川盆地 | 107°56′20″ | 31°18′48″ | 3618~4323 | 21.00 | 2.19 | 46.0 | — | A |
| 71 | 四川盆地 | 107°57′58″ | 31°21′38″ | 3488~5243 | 23.00 | 2.33 | 54.0 | — | A |
| 72 | 四川盆地 | 108°02′00″ | 31°27′00″ | 1521~4678 | 22.00 | 2.31 | 51.0 | — | A |
| 73 | 四川盆地 | 108°00′00″ | 31°23′56″ | 4147~4744 | 21.00 | 2.26 | 47.0 | — | A |
| 74 | 四川盆地 | 103°51′43″ | 31°13′57″ | 0~4810 | 22.40 | 2.85 | 63.9 | — | A |
| 75 | 四川盆地 | 104°18′18″ | 30°40′05″ | 0~3301 | 24.00 | 2.30 | 55.3 | — | A |
| 76 | 四川盆地 | 104°31′37″ | 30°55′03″ | 0~3280 | 22.40 | 2.61 | 58.3 | — | A |
| 77 | 四川盆地 | 104°56′31″ | 29°42′22″ | 0~1540 | 22.60 | 2.84 | 64.2 | — | A |
| 78 | 四川盆地 | 106°01′08″ | 31°31′23″ | 0~3020 | 22.00 | 2.59 | 57.0 | — | A |
| 79 | 四川盆地 | 107°30′48″ | 31°24′34″ | 0~1340 | 20.60 | 2.65 | 54.5 | — | A |
| 80 | 四川盆地 | 107°35′40″ | 31°25′34″ | 0~2252 | 22.20 | 2.50 | 55.5 | — | A |
| 81 | 四川盆地 | 107°48′51″ | 31°32′04″ | 0~1801 | 23.10 | 2.38 | 55.0 | — | A |
| 82 | 四川盆地 | 102°39′14″ | 33°27′30″ | 0~7000 | 32.15 | 2.95 | 94.7 | — | A |

资料来源：《中国大陆地区大地热流数据汇编(第四版)》。

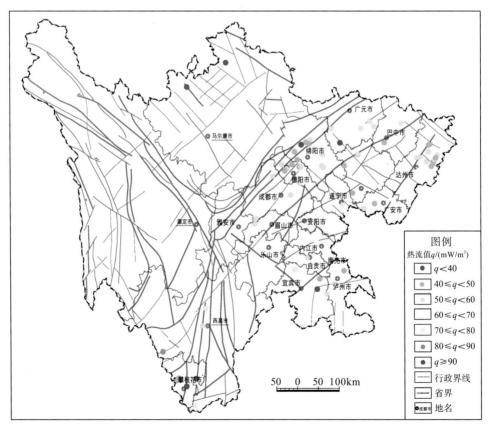

图 2-23　四川省已公布大地热流点分布图

从其分布来看:

(1) 热流点分布极不均匀,集中于盆地及川西南高原局部地区,川西北及川西高原仍然存在着大量的热流空白区,甘孜州、雅安市、乐山市及资阳市甚至没有大地热流点公布。

(2) 川西高原地区蕴藏着丰富的中高温地热资源,如甘孜州的巴塘热坑、理塘格扎村、康定雅拉河及榆林街道等均是出名的地表热异常区,温泉、热泉、地热井、蒸汽口等热异常点大量分布。但目前尚未有大地热流点公布,亟待开展后续大地热流测量及地热资源评价、勘查等地热工作,因地制宜,科学系统地开发地热资源。

# 第3章 地热资源类型及分区

本书所说的地热资源是指蕴藏在中、深层岩石或者地下水中，在当前技术经济和地质环境条件下，能够科学、合理地开发出来的热能资源。按其储存介质的渗透性，地热资源主要分为两大类：一类是以高渗透性、多孔隙且具有补给源的含水层作为介质的热能资源，储存该类热能资源的流体称为地热流体；另一类是以深部高密度、低渗透性的岩体为介质的热能资源，储存该类热能资源的岩体称为干热岩。地热流体为埋藏在距地表200m以下的中、深层含热地下流体，温度在25℃以上；干热岩内部不含流体或仅含少量流体，普遍埋藏于距地表2km以下的地球深处，温度在180℃以上。

## 3.1 热储类型及结构

### 3.1.1 水热型热储类型及结构

热储是指含有能被开发利用的热流体的岩石或岩层。根据热储的岩性特征及产出形态，可分为孔隙热储和裂隙热储。砂层、砂卵砾石层、胶结较差的砂岩、砾岩，以及碳酸盐岩可形成孔隙型热储。而受断裂构造控制，火成岩、变质岩、部分碳酸盐岩和致密砂岩、砾岩可形成裂隙型热储。结合四川省地质构造条件及地层岩性特征，热储类型可以划分为裂隙型带状热储、裂隙型带状+岩溶型层状热储、岩溶型层状热储。

#### 3.1.1.1 裂隙型带状热储

裂隙型带状热储主要受断裂构造控制形成，裂隙型带状热储的形成与深大断裂构造关系密切。断裂带发育为地热水形成提供了导水、导热通道，如金沙江断裂带、甘孜-理塘断裂带，深达地幔，带来大量的岩浆热。断裂构造呈带状展布，决定了裂隙型带状热储的分布特征，其空间形态沿断裂带展布，为具有一定长、宽、高的含水体。四川西部地区，受区域构造影响，深大断裂发育，主要形成金沙江断裂带热储、德格-乡城断裂带热储、甘孜-理塘断裂带热储、鲜水河断裂带热储。

根据热储的产状特征及成因模式，四川省存在两种典型的裂隙型带状热储模式。

1. 花岗岩类热储

花岗岩类热储主要分布于鲜水河断裂带和甘孜-理塘断裂带，多为开放式热储，断层破碎带和影响带是主要热储层，岩性主要为花岗岩、大理岩、中-浅变质砂板岩、长石石英砂岩、千枚岩等；部分河谷地区上覆第四系松散堆积层较厚且受胶结好时也可局部形成次要热储层。一般无盖层，部分地区第四系松散层因钙华胶结或堆积而形成局部盖层。热源主要来源于沿断裂带上升的地幔岩浆热与地下水深循环对流传热。该类热储模式示意图如图3-1所示。

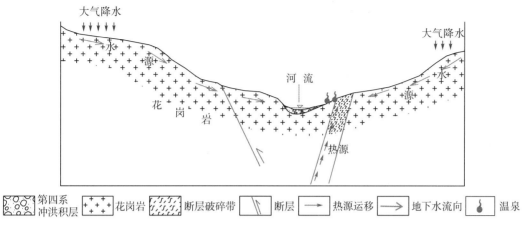

图 3-1  花岗岩类热储模式示意图

大气降水和地表水通过断裂破碎带、岩体裂隙、花岗岩侵入接触面形成的构造软弱带下渗，随后通过这些通道向深部运移、循环；地下水在深循环过程中吸收岩浆岩围岩的热量，同时进行一系列水岩交换反应，形成具有一定温度的热矿水，循环至一定深度之后，受断层和裂隙的控制上涌，在地表以泉的形式出露。

2. 沉积岩、变质岩类热储

沉积岩、变质岩类热储主要分布于甘孜-理塘断裂带、德格-乡城断裂带和金沙江断裂带，热储岩性主要为灰岩、变质砂板岩和石英质砾岩，其上普遍覆盖泉华胶结砾石层，厚度为数米至几十米不等，覆盖在三叠系地层之上。热源可能有多种：一是已消减的部分地壳熔融，二是下行板块表面的摩擦生热，三是放射性元素衰变生热。总体来看，印支期以来该区强烈的岩浆活动为地热的出露提供了深部热源。该类热储模式示意图如图 3-2 所示。

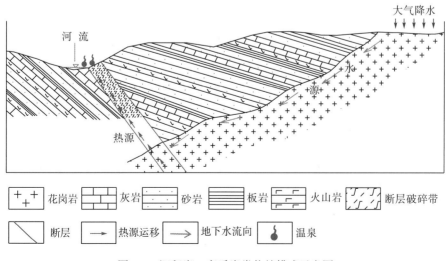

图 3-2  沉积岩、变质岩类热储模式示意图

大气降水和冰雪融水是区内热矿水的主要补给来源。大气降水和冰雪融水在地势较高的补给区入渗补给，形成分布广泛的基岩裂隙水和岩溶裂隙水；部分浅层地下水继续向较深部位运动，通过破碎的岩体的裂隙系统汇集到各种断裂带或岩体接触带；再由这些通道进一步向更深部运动，在此过程中逐渐吸收围岩热量和进行水岩交换反应，并在深部接受热源加热而形成不同温度且具有一定化学特征的地热流体，还积累了较丰富的运动势能；这类地热流体在区域水力系统的驱动下又沿着有利的对流通道上升，在适宜的构造"窗口"和水动力条件下出露地表，成为各种类型的地热显示。

### 3.1.1.2 裂隙型带状+岩溶型层状热储

裂隙型带状+岩溶型层状热储主要分布于四川省西南部及盆周山地。

在四川省西南部地区，裂隙型带状+岩溶型层状热储分布于攀枝花市、凉山州大部分地区及乐山市、雅安市部分地区。受区内的安宁河深断裂带、汉源-甘洛大断裂、峨边-金阳大断裂影响，具有裂隙型热储特征，兼之热储岩性一般为碳酸盐岩地层，具有层状热储特性，因此，属裂隙型带状热储与岩溶型层状热储共同构成的复合型热储。

在盆周山地区，裂隙型带状+岩溶型层状热储主要分布于四川盆地周边，包括乐山、雅安、德阳、汶川、成都、北川、茂县、广元、达州等地。该区热储主要为深部的碳酸盐岩，为层状热储，但因该区为中、高山区与四川盆地的过渡地带，构造作用强烈，断裂较为发育，区内热储又表现出裂隙型带状热储特点。

该类型热储主要埋藏于深部，在地表少有露头，岩性主要为白云岩、灰岩、砂岩等，其孔隙、溶隙发育，富水程度较好，为热矿水的储存、运移提供了有利条件。盖层主要为古近-新近系、三叠系、二叠系、寒武系、奥陶系的砂板岩、泥岩、片岩、玄武岩地层以及志留系的页岩、粉砂岩碎屑岩地层。局部虽裂隙发育，完整性较差，但厚度较大，能起到一定的保温作用，具备部分层状热储带特征。其热储模式示意图如图3-3所示。

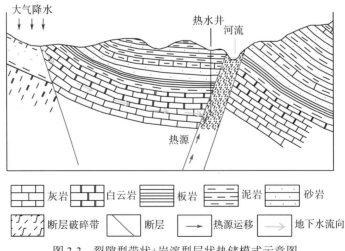

图 3-3  裂隙型带状+岩溶型层状热储模式示意图

热源主要有两个：一个是地温梯度增温，另一个是大断裂深部或构造运动产生的摩擦热。大气降水和地表水垂向补给浅层岩溶水后，沿溶孔、溶隙等岩溶管道径流进入断裂带和破碎带，向下做深部运移，稳定补给深部进行深部循环。地下水通过地温增热后形成热矿水或被人工钻探揭露，或在上升过程中与浅部碳酸盐岩岩溶水进行混合、热交换，受到断裂沟通，在合适的部位沿断裂运移、出露地表。

### 3.1.1.3　岩溶型层状热储

岩溶型层状热储主要分布于四川盆地及叙永、筠连一带。

四川盆地是一大型构造盆地，沉积了从震旦纪到中三叠世的海相地层，之后转入陆相沉积，堆积了厚大的侏罗系、白垩系红色地层，总厚度达 8000～12000m。四川盆地热储主要由埋藏在侏罗系、白垩系地层之下的中、古生代砂岩、碳酸盐岩含水层组成，呈层状分布。这类碳酸盐岩一般具有古岩溶孔洞，富水性较好，埋藏深，井口水温一般大于 40℃，且随深度增大增大而增加。从盆地内向周边热储埋藏深度由深至浅，盆地内一般大于 4000m，盆周地区小于 4000m，最浅埋深有 1500～2000m。

热储层有两层，分别为中三叠统雷口坡组($T_2l$)、下三叠统嘉陵江组($T_1j$)白云岩和下二叠统茅口组($P_1m$)灰岩。区内热储盖层具有盖层厚大、不透水或弱透水的特点，主要由白垩系、侏罗系、上三叠统的巨厚砂泥岩互层或上二叠统砂岩、页岩和峨眉山玄武岩等致密弱透水地层组成。

该类地热资源热储温度主要受到地温梯度的影响。深埋于地层中的地下水循环过程中受到地温梯度的影响，温度逐渐升高，同时不断溶解岩石中的矿物成分，在埋藏深度适宜的地段，可通过人工揭露获取含有多种有益元素的地下热矿水。由于热储层在四川盆地普遍富含膏岩，地下水矿化度较高，部分地区产卤层与热矿水层一致。根据调查，目前盆地内仅大英县(蓬基井)、自贡市(燊海井)尚有卤水开采，产卤地层一般可进行热矿水开发。

岩溶型层状热储模式示意图如图 3-4 所示。

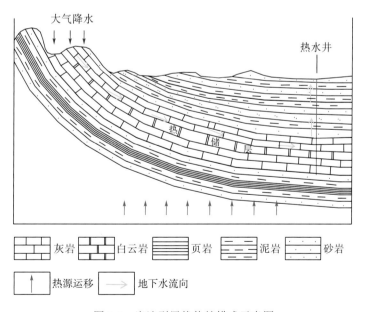

图 3-4　岩溶型层状热储模式示意图

大气降水和地表水沿断层、裂隙及溶蚀孔洞不断向下入渗补给地下水，热储为碳酸盐岩，易被水溶蚀，沿裂隙形成溶孔、溶洞。地下水经过深循环，受到地温梯度的影响，温度不断升高，同时在水岩作用下，水中矿物成分增加，形成地下热矿水。在径流受阻的情况下沿断裂、裂隙等向上运动，排泄形成天然出露温泉或浅井温泉；在径流顺畅或热矿水埋深较大地区，经过深部人工钻井揭露，形成地热井，通过水泵抽水排泄。因此该区热源大地热流增温，一般具有埋深越深，在地温梯度影响下水温越高的特点。

### 3.1.2　干热岩热储类型

目前，国内学者对干热岩普遍定义为不含或含少量流体，温度高于 $180℃$，其热能在当前技术经济条件下可以利用的岩体。干热岩无处不在，且热储量巨大，据王贵玲等(2017)估算，我国 $3\sim10km$ 深处干热岩资源量为 $2.52×10^{25}J$，折合标准煤 $860×10^{12}t$，高于美国干热岩资源的估算结果($570×10^{12}t$ 标准煤)，按 $2\%$ 可采计算，即相当于我国 2021 年能源消耗总量的 3282 倍。我国干热岩目前尚处于探索阶段，未开发利用，相关技术滞后于发达国家。

根据目前的研究，四川省境内干热岩热储类型主要为花岗岩型热储。四川西部地槽区，包括川西高原、攀西和龙门山区，地表及地壳浅部发育许多印支期—燕山期酸性花岗岩类，呈带状、团块状、点状展布，这类岩体具有较高的放射性产热特征。热源主要来自大地热流以及核类物质富集衰变所产生的热。在壳源产热和幔源产热均理想的情况下岩石生热率可超过 $100μW/m^2$。即使大地热流值不高，倘若上部有条件较好的盖层，具有厚度稳定、热导系数小的特征时，可以很好地防止热能的散失，也可以形成良好的以花岗岩等酸性岩体为赋存体的干热岩热储资源。

## 3.2　地热资源类型

地热资源按储存介质的渗透性主要分为两大类，即地热流体(水热)和干热岩。根据不同的划分方式，水热型地热资源和干热岩地热资源又可以划分为不同的类型(图 3-5)。下面，本书就四川省分布的两大类地热资源进行详细的分类介绍。

### 3.2.1　水热型地热资源类型

图 3-5 中所列的水热型地热资源按成因类型、热储温度、地表露头温度划分的几种类型，在四川省境内均有分布。

#### 3.2.1.1　按成因类型划分

四川省地热资源按照地质构造、地热系统的地质环境、热源性质、热量的传递方式、成因类型，可以划分为隆起山地型地热资源和沉积盆地型地热资源。隆起山地型地热资源分布于川西、川西南及盆地周边山地，沉积盆地型地热资源分布于四川盆地。

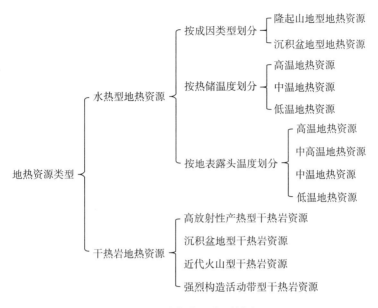

图 3-5 地热资源类型划分

**1. 隆起山地型地热资源**

隆起山地型地热资源是由地下水通过多孔透水通道渗透到地下深处，产生热交换，受力驱使上行，产生对流循环而形成的。

该类地热资源分布在四川盆地的广大区域，包括甘孜州、凉山州、攀枝花、达州的全部地区和成都、德阳、绵阳、乐山、雅安、广元、泸州、宜宾的部分地区。地下热水明显受到各大断裂控制，基本沿金沙江断裂、德格-乡城断裂、甘孜-理塘断裂、鲜水河断裂、安宁河深断裂带、汉源-甘洛大断裂、峨边-金阳大断裂等深大断裂呈带状分布，热储类型主要为裂隙型带状热储或裂隙型带状+岩溶型层状热储，叙永、筠连地区为岩溶型层状热储，其特点是水温高、水量大、分布集中。

四川省境内出露 301 处隆起山地型地热点，其中天然出露温泉 251 处、地热井 50 处，其流体特征见表 3-1。

表 3-1 隆起山地型地热资源特征表

| 类型 | 数量/个 | 温度/℃ | | | 流量/(m³/d) | | | 井深/m |
|---|---|---|---|---|---|---|---|---|
| | | 最高 | 最低 | 平均 | 最高 | 最低 | 平均 | |
| 温泉 | 251 | 92 | 25 | 47.0 | 7516.8 | 0.9 | 394.6 | — |
| 地热井 | 50 | 190 | 26 | 52.3 | 2400 | 25.9 | 677.0 | 23～3475 |

经统计，区内出露的 301 处地热点中，高温地热点($t \geqslant 90℃$)3 处、中高温地热点($60℃ \leqslant t < 90℃$)59 处、中温地热点($40℃ \leqslant t < 60℃$)132 处、低温地热点($25℃ \leqslant t < 40℃$)107 处（图 3-6）。

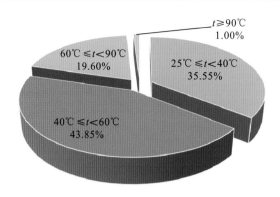

图 3-6　隆起山地型地热点统计图

2. 沉积盆地型地热资源

沉积盆地型地热资源主要分布于四川盆地,属层状热储。盆地区内温泉出露甚少,仅在盆周地区断层破碎带和背斜轴部偶有出露。但是,随着盆地内的油气勘探、矿业勘探和近年来的地热勘探,发现了盆地深部有水温高(最高可达 93℃)且涌水量大(最大可达 8000m³/d)的热水。

四川盆地的沉积盆地型地热点主要为井点揭露,多是石油勘探井揭露后经后期改造而成,目前因地热开发热潮,也实施了一部分地热钻井,而天然露头罕见。据调查,四川盆地 36 处地热点中,仅 1 处天然露头,均出露于采矿巷道中,其余 35 处均以人工钻井的方式揭露。

经统计,区内出露的 36 处地热点中,高温地热点($t\geqslant90℃$) 1 处,中高温地热点($60℃\leqslant t<90℃$) 3 处,中温地热点($40℃\leqslant t<60℃$) 17 处,低温地热点($25℃\leqslant t<40℃$) 15 处(图 3-7)。

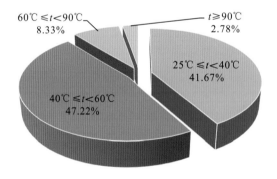

图 3-7　沉积盆地型地热点统计图

### 3.2.1.2　按热储温度划分

地热资源按照其热储温度,可以划分为高温地热资源($t\geqslant150℃$)、中温地热资源($90℃\leqslant t<150℃$)、低温地热资源($25℃\leqslant t<90℃$)。低温地热资源又分为热水($60℃\leqslant t<90℃$)、温热水($40℃\leqslant t<60℃$)和温水($25℃\leqslant t<40℃$)。

隆起山地型地热资源的热储类型主要为带状热储,热储温度为 40～>150℃,高、中、低温地热资源均有分布。沉积盆地型地热资源的热储类型为层状热储,主要热储层有两层,分别为三叠系热储层和二叠系热储层,热储温度为 25~150℃,无高温地热资源。

1. 高温地热资源

区内高温地热资源均属于隆起山地型地热资源,分布于甘孜州境内康定市、巴塘县、理塘县、白玉县等 11 个县(市),共计 98 个温泉(地热井)点,分布情况详见表 3-2、图 3-8。

表 3-2　高温地热资源分布情况

| 市(州) | 县(市) | 泉(井)个数/个 |
| --- | --- | --- |
| 甘孜州 | 巴塘县 | 22 |
| | 白玉县 | 14 |
| | 丹巴县 | 2 |
| | 道孚县 | 1 |
| | 甘孜县 | 5 |
| | 康定市 | 29 |
| | 理塘县 | 11 |
| | 泸定县 | 3 |
| | 乡城县 | 8 |
| | 新龙县 | 1 |
| | 雅江县 | 2 |
| 合计 | | 98 |

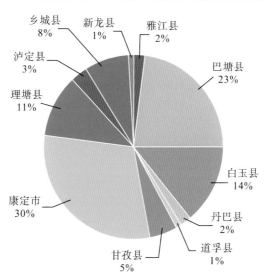

图 3-8　高温地热资源分布情况统计饼图

2. 中温地热资源

区内的中温地热资源既有隆起山地型地热资源,也有沉积盆地型地热资源。其中,隆起山地型中温地热资源分布于甘孜州、雅安市、凉山州、攀枝花市、巴中市、成都市、阿坝州等地，详见表 3-3；沉积盆地型中温地热资源分布于德阳市、绵阳市、广元市、成都市等地，详见表 3-4、表 3-5。

表 3-3　隆起山地型中温地热资源分布情况

| 市(州) | 县(市、区) | 泉(井)个数/个 | 市(州) | 县(市、区) | 泉(井)个数/个 |
|---|---|---|---|---|---|
| 甘孜州 | 巴塘县 | 7 | 甘孜州 | 炉霍县 | 4 |
| | 白玉县 | 6 | | 乡城县 | 4 |
| | 丹巴县 | 6 | | 新龙县 | 6 |
| | 道孚县 | 8 | 雅安市 | 石棉县 | 2 |
| | 稻城县 | 3 | 凉山州 | 喜德县 | 1 |
| | 得荣县 | 2 | 攀枝花市 | 盐边县 | 1 |
| | 德格县 | 18 | 巴中市 | 南江县 | 1 |
| | 甘孜县 | 5 | 成都市 | 崇州市 | 1 |
| | 九龙县 | 2 | | 大邑县 | 1 |
| | 康定市 | 2 | 阿坝州 | 理县 | 1 |
| | 理塘县 | 18 | | 马尔康市 | 1 |
| | 泸定县 | 6 | | | |

表 3-4　沉积盆地型三叠系热储层中温地热资源分布情况

| 市(州) | 县(市、区) | 市(州) | 县(市、区) |
|---|---|---|---|
| 广元市 | 昭化区 | 德阳市 | 绵竹市 |
| 成都市 | 金堂县 | | 什邡市 |
| | 简阳市 | | 中江县 |
| 遂宁市 | 蓬溪县 | 绵阳市 | 安州区 |
| | 船山区 | | 江油市 |
| | 安居区 | | 北川县 |
| | 大英县 | 广安市 | 岳池县 |
| | 射洪市 | | 武胜县 |
| 宜宾市 | 叙州区 | 眉山市 | 仁寿县 |
| 资阳市 | 乐至县 | 南充市 | 嘉陵区 |
| | 雁江区 | | 高坪区 |
| | 安岳县 | | 蓬安县 |

表 3-5　沉积盆地型二叠系热储层中温地热资源分布情况

| 市(州) | 县(市、区) | 市(州) | 县(市、区) |
|---|---|---|---|
| 资阳市 | 安岳县 | 乐山市 | 夹江县 |
| | 雁江区 | | 峨眉山市 |
| 宜宾市 | 屏山县 | | 市中区 |
| | 南溪区 | | 五通桥区 |
| | 翠屏区 | | 井研县 |
| | 叙州区 | | 犍为县 |
| 自贡市 | 荣县 | | 沐川县 |
| | 富顺县 | 眉山市 | 青神县 |
| | 大安区 | | 仁寿县 |
| | 沿滩区 | 内江市 | 资中县 |
| | 自流井区 | | 东兴区 |
| | 贡井区 | | 市中区 |
| 达州市 | 宣汉县 | | 威远县 |
| | 通川区 | | 隆昌市 |
| 广安市 | 邻水县 | | |

### 3. 低温地热资源

区内的低温地热资源既有隆起山地型地热资源，也有沉积盆地型地热资源。其中，隆起山地型低温地热资源分布于甘孜州、雅安市、乐山市、凉山州等地，以热水为主，少量为温热水，详见表 3-6；沉积盆地型低温地热资源主要热储层有两层，分别为三叠系热储层和二叠系热储层，三叠系热储层低温地热资源主要分布于德阳市、绵阳市、广元市、广安市等地，热水、温热水、温水兼有，详见表 3-7，二叠系热储层低温地热资源主要分布于乐山市、宜宾市、自贡市等地，以热水、温热水为主，详见表 3-8。

表 3-6　隆起山地型低温地热资源分布情况

| 市(州) | 县(市、区) | 泉(井)数量/个 | 低温地热资源类型 |
|---|---|---|---|
| 甘孜州 | 稻城县 | 1 | 热水 |
| | 九龙县 | 1 | 热水 |
| | 康定市 | 1 | 热水 |
| | 理塘县 | 6 | 热水 |
| | 新龙县 | 1 | 热水 |
| 雅安市 | 石棉县 | 8 | 热水 |
| | 雨城区 | 1 | 热水 |
| 乐山市 | 峨边县 | 2 | 热水 |
| | 马边县 | 1 | 热水 |
| | | 2 | 温热水 |
| | 峨眉山市 | 3 | 热水 |

| 市(州) | 县(市、区) | 泉(井)数量/个 | 低温地热资源类型 |
|---|---|---|---|
| 凉山州 | 喜德县 | 2 | 热水 |
| | 甘洛县 | 1 | 热水 |
| | | 1 | 温热水 |
| | 会东县 | 2 | 热水 |
| | | 2 | 温热水 |
| | 会理市 | 1 | 热水 |
| | | 1 | 温热水 |
| | 雷波县 | 1 | 热水 |
| | 冕宁县 | 2 | 热水 |
| | 普格县 | 1 | 热水 |
| | | 1 | 温热水 |
| | 西昌市 | 4 | 热水 |
| | 盐源县 | 3 | 热水 |
| | 越西县 | 1 | 热水 |
| | | 1 | 温热水 |
| | 昭觉县 | 4 | 热水 |
| | | 1 | 温热水 |
| | 木里县 | 2 | 热水 |
| 攀枝花市 | 米易县 | 2 | 热水 |
| | 盐边县 | 1 | 热水 |
| 成都市 | 彭州市 | 2 | 热水 |
| 达州市 | 万源市 | 1 | 热水 |
| 广元市 | 旺苍县 | 1 | 热水 |
| | 昭化区 | 2 | 热水 |
| 眉山市 | 洪雅县 | 3 | 热水 |
| 宜宾市 | 长宁县 | 2 | 热水 |
| | | 1 | 温热水 |
| | 珙县 | 1 | 温热水 |
| | 筠连县 | 5 | 热水 |
| | | 1 | 温热水 |
| 阿坝州 | 理县 | 1 | 热水 |
| | 茂县 | 2 | 温热水 |
| | 汶川县 | 1 | 热水 |
| | 黑水县 | 1 | 热水 |
| | 壤塘县 | 1 | 热水 |
| | 若尔盖县 | 1 | 热水 |
| | | 1 | 温热水 |
| | 松潘县 | 1 | 热水 |
| 合计 | | 89 | |

表 3-7　沉积盆地型三叠系热储层低温地热资源分布情况

| 市(州) | 县(市、区) | 低温地热资源类型 | 市(州) | 县(市、区) | 低温地热资源类型 |
|---|---|---|---|---|---|
| 德阳市 | 绵竹市 | 热水、温热水 | 眉山市 | 仁寿县 | 热水、温热水 |
| | 什邡市 | 热水 | | 东坡区 | 热水 |
| 绵阳市 | 安州区 | 热水、温热水 | | 青神县 | 热水 |
| | 江油市 | 热水、温热水、温水 | 南充市 | 蓬安县 | 热水 |
| | 北川县 | 热水、温热水 | 资阳市 | 雁江区 | 热水 |
| 广元市 | 利州区 | 热水、温热水、温水 | | 安岳县 | 热水、温热水 |
| | 昭化区 | 热水、温热水 | 自贡市 | 富顺县 | 热水、温热水、温水 |
| | 剑阁县 | 热水、温热水、温水 | | 荣县 | 热水、温热水、温水 |
| 广安市 | 岳池县 | 热水 | | 贡井区 | 热水、温热水 |
| | 武胜县 | 热水 | | 自流井区 | 热水 |
| 乐山市 | 夹江县 | 热水 | | 沿滩区 | 热水 |
| | 峨眉山市 | 热水、温热水、温水 | | 大安区 | 热水、温热水 |
| | 市中区 | 热水、温热水 | 泸州市 | 叙永县 | 温水 |
| | 沙湾区 | 温热水、温水 | | 古蔺县 | 温水 |
| | 五通桥区 | 温热水、温水 | | 合江县 | 温水 |
| | 犍为县 | 热水、温热水、温水 | | 纳溪区 | 温水 |
| | 沐川县 | 热水、温热水、温水 | | 江阳区 | 温水 |
| | 井研县 | 热水、温热水 | | 龙马潭区 | 温水 |
| 内江市 | 隆昌市 | 热水、温热水、温水 | | 泸县 | 温水 |
| | 东兴区 | 热水 | 达州市 | 万源市 | 热水、温热水、温水 |
| | 市中区 | 热水、温热水 | | 宣汉县 | 热水、温热水、温水 |
| | 资中县 | 热水、温热水、温水 | | 通川区 | 热水、温热水 |
| | 威远县 | 温热水、温水 | | 开江县 | 温热水、温水 |
| 宜宾市 | 屏山县 | 热水、温热水、温水 | | 达川区 | 温热水、温水 |
| | 翠屏区 | 热水、温热水、温水 | | 大竹县 | 温水 |
| | 高县 | 温热水、温水 | | 渠县 | 温水 |
| | 长宁县 | 温水 | 广安市 | 广安区 | 温水 |
| | 江安县 | 温水 | | 华蓥市 | 温水 |
| | 兴文县 | 温水 | | 邻水县 | 温热水、温水 |
| | 南溪区 | 热水、温热水、温水 | | 岳池县 | 温水 |
| | 叙州区 | 热水、温热水、温水 | | | |

表 3-8　沉积盆地型二叠系热储层低温地热资源分布情况

| 市(州) | 县(市、区) | 低温地热资源类型 | 市(州) | 县(市、区) | 低温地热资源类型 |
|---|---|---|---|---|---|
| 资阳市 | 安岳县 | 热水 | 泸州市 | 泸县 | 热水 |
| 乐山市 | 峨眉山市 | 热水 | | 合江县 | 热水 |
| | 市中区 | 热水 | | 叙永县 | 热水 |
| | 沙湾区 | 热水 | | 古蔺县 | 热水 |
| | 五通桥区 | 热水 | | 纳溪区 | 热水 |
| | 井研县 | 热水 | | 江阳区 | 热水 |
| | 犍为县 | 热水 | | 龙马潭区 | 热水 |
| | 沐川县 | 热水 | 达州市 | 万源市 | 热水、温热水 |
| | 马边县 | 热水 | | 宣汉县 | 热水、温热水 |
| 宜宾市 | 屏山县 | 热水 | | 通川区 | 热水 |
| | 南溪区 | 热水 | | 开江县 | 热水、温热水 |
| | 江安县 | 热水 | | 达川区 | 热水、温热水 |
| | 长宁县 | 热水 | | 大竹县 | 热水、温热水 |
| | 兴文县 | 热水 | | 渠县 | 热水、温热水 |
| | 高县 | 热水 | 广安市 | 广安区 | 热水、温热水 |
| | 翠屏区 | 热水 | | 华蓥市 | 热水、温热水 |
| | 叙州区 | 热水 | | 邻水县 | 热水、温热水 |
| 自贡市 | 荣县 | 热水 | | 岳池县 | 热水、温热水 |
| | 富顺县 | 热水 | 内江市 | 资中县 | 热水 |
| | 大安区 | 热水 | | 东兴区 | 热水 |
| | 沿滩区 | 热水 | | 威远县 | 热水 |
| | 贡井区 | 热水 | | | |

### 3.2.1.3　按地表露头温度划分

地热资源按照其地表露头温度，可以划分为高温地热资源($t\geq90℃$)、中高温地热资源($60℃\leq t<90℃$)、中温地热资源($40℃\leq t<60℃$)和低温地热资源($25℃\leq t<40℃$)。

西部山区泉点以天然露头为主，数量大，占四川省泉点总数的90%以上，占全省地热点总数的70%左右。东部盆地及周边山区天然露头少见，主要为人工揭露的地热井，占全省地热井总数的70%左右。川西甘孜州地区地热资源尤为丰富，无论从数量还是温度上，均居四川省首位。全省的高温和中高温地热资源主要分布在该区，中温和低温地热资源遍布全省各地区。

需要说明的是，地表露头温度与当地沸点有关。而沸点与当地气压有关，即与所处海拔有关，海拔升高时沸点降低。四川省已知的沸泉共17处，集中分布于甘孜州巴塘、理塘和甘孜三个县，尤以巴塘县茶洛温泉群最为著名。17处沸泉所处的甘孜州海拔高、沸点低，仅1处沸点超过90℃，按地表露头温度划分为高温地热资源，其余各点按地表露头温度划分属于中、低温地热资源，但实际热储温度很高。

1. 高温地热资源

四川省内温度在 90℃以上的高温地热点，目前有 4 处。1 处为位于甘孜州泸定县的泉点，热储岩性为板岩，泉口温度为 92℃，流量为 89m³/d；3 处为井点，1 处位于甘孜州康定市榆林街道，井深 2010m，井口水温为 190℃，1 处位于甘孜州康定市雅拉乡中谷村，井深 1847m，井口水温为 99℃，还有 1 处位于乐山市犍为县，井深 3350m，水温为 93℃。

2. 中高温地热资源

据调查，目前四川省内的中高温地热点(60℃≤t＜90℃)共有 62 处，尤以甘孜州分布最多，有 51 处，其余各点分别分布于阿坝州、成都市、泸州市、遂宁市、雅安市、宜宾市等地。具体统计情况见表 3-9。

表 3-9　中高温地热点统计表

| 市(州) | 县(市、区) | 数量/个 |
|---|---|---|
| 阿坝州 | 理县 | 1 |
| 成都市 | 崇州市 | 1 |
|  | 大邑县 | 1 |
| 甘孜州 | 巴塘县 | 14 |
|  | 白玉县 | 1 |
|  | 丹巴县 | 2 |
|  | 稻城县 | 2 |
|  | 德格县 | 4 |
|  | 甘孜县 | 1 |
|  | 九龙县 | 2 |
|  | 康定市 | 13 |
|  | 理塘县 | 9 |
|  | 泸定县 | 1 |
|  | 乡城县 | 1 |
|  | 雅江县 | 1 |
| 泸州市 | 泸县 | 1 |
| 遂宁市 | 大英县 | 1 |
| 雅安市 | 石棉县 | 4 |
|  | 雨城区 | 1 |
| 宜宾市 | 翠屏区 | 1 |
| 合计 |  | 62 |

3. 中温地热资源

据调查，目前四川省内的中温地热点(40℃≤$t$<60℃)共有 149 处，尤以甘孜州分布最多，有 93 处，其余各点分别分布于阿坝州、成都市、达州市、广安市、乐山市、凉山州、泸州市、眉山市、绵阳市、攀枝花市、雅安市、宜宾市等地。具体统计情况见表 3-10。

表 3-10　中温地热点统计表

| 市(州) | 县(市、区) | 数量/个 |
| --- | --- | --- |
| 阿坝州 | 黑水县 | 1 |
| | 理县 | 1 |
| | 马尔康市 | 1 |
| | 若尔盖县 | 1 |
| 成都市 | 彭州市 | 2 |
| 达州市 | 大竹县 | 1 |
| | 开江县 | 1 |
| 甘孜州 | 巴塘县 | 8 |
| | 白玉县 | 5 |
| | 丹巴县 | 5 |
| | 道孚县 | 7 |
| | 稻城县 | 4 |
| | 得荣县 | 1 |
| | 德格县 | 7 |
| | 甘孜县 | 6 |
| | 九龙县 | 1 |
| | 康定市 | 9 |
| | 理塘县 | 17 |
| | 炉霍县 | 2 |
| | 泸定县 | 5 |
| | 乡城县 | 9 |
| | 新龙县 | 6 |
| | 雅江县 | 1 |
| 广安市 | 邻水县 | 2 |
| 广元市 | 剑阁县 | 2 |
| | 利州区 | 2 |
| | 旺苍县 | 1 |
| | 昭化区 | 2 |
| 乐山市 | 峨边县 | 2 |
| | 峨眉山市 | 3 |
| | 市中区 | 1 |

续表

| 市(州) | 县(市、区) | 数量/个 |
|---|---|---|
| 凉山州 | 会东县 | 2 |
| | 雷波县 | 1 |
| | 木里县 | 1 |
| | 普格县 | 1 |
| | 西昌市 | 2 |
| | 喜德县 | 3 |
| | 盐源县 | 1 |
| | 越西县 | 1 |
| | 昭觉县 | 2 |
| 泸州市 | 合江县 | 1 |
| | 江阳区 | 1 |
| | 泸县 | 1 |
| | 纳溪区 | 1 |
| 眉山市 | 洪雅县 | 2 |
| 绵阳市 | 安州区 | 1 |
| | 北川县 | 1 |
| 攀枝花市 | 盐边县 | 2 |
| 雅安市 | 石棉县 | 6 |
| 宜宾市 | 珙县 | 1 |
| | 筠连县 | 2 |
| 合计 | | 149 |

### 4. 低温地热资源

据调查，目前四川省内的低温地热点($25℃ \leqslant t < 40℃$)共有 122 处，尤以甘孜州分布最多，有 61 处，其余各点分别分布于阿坝州、巴中市、成都市、达州市、德阳市、广安市、乐山市、凉山州、眉山市、攀枝花市、雅安市、宜宾市、自贡市等地。具体统计情况见表 3-11。

表 3-11　低温地热点统计表

| 市(州) | 县(市、区) | 数量/个 |
|---|---|---|
| 阿坝州 | 茂县 | 2 |
| | 壤塘县 | 1 |
| | 若尔盖县 | 1 |
| | 松潘县 | 1 |
| | 汶川县 | 1 |
| 巴中市 | 南江县 | 1 |

续表

| 市(州) | 县(市、区) | 数量/个 |
|---|---|---|
| 成都市 | 都江堰市 | 1 |
| | 金堂县 | 1 |
| | 龙泉驿区 | 1 |
| | 温江区 | 2 |
| 达州市 | 达川区 | 1 |
| | 开江县 | 1 |
| | 万源市 | 1 |
| | 宣汉县 | 1 |
| 德阳市 | 绵竹市 | 1 |
| 甘孜州 | 巴塘县 | 7 |
| | 白玉县 | 14 |
| | 丹巴县 | 1 |
| | 道孚县 | 2 |
| | 稻城县 | 1 |
| | 得荣县 | 1 |
| | 德格县 | 7 |
| | 甘孜县 | 3 |
| | 康定市 | 8 |
| | 理塘县 | 9 |
| | 炉霍县 | 2 |
| | 泸定县 | 2 |
| | 乡城县 | 2 |
| | 新龙县 | 2 |
| 广安市 | 邻水县 | 1 |
| 乐山市 | 峨眉山市 | 2 |
| | 犍为县 | 1 |
| | 马边县 | 3 |
| | 市中区 | 1 |
| 凉山州 | 甘洛县 | 2 |
| | 会东县 | 2 |
| | 会理市 | 2 |
| | 冕宁县 | 2 |
| | 木里县 | 1 |
| | 普格县 | 1 |
| | 西昌市 | 2 |
| | 盐源县 | 2 |
| | 越西县 | 1 |
| | 昭觉县 | 3 |

续表

| 市(州) | 县(市、区) | 数量/个 |
|---|---|---|
| 眉山市 | 洪雅县 | 1 |
| 攀枝花市 | 米易县 | 2 |
| 雅安市 | 石棉县 | 5 |
| 宜宾市 | 高县 | 1 |
| | 屏山县 | 1 |
| | 筠连县 | 4 |
| | 长宁县 | 3 |
| 自贡市 | 大安区 | 1 |
| 合计 | | 122 |

## 3.2.2　干热岩地热资源类型

按照干热岩地热资源的定义,在地表以下足够深度,干热岩无处不在,但是我们常说的干热岩是指目前的技术能够进行开发利用的干热岩资源。我国的干热岩有高放射性产热型、沉积盆地型、近代火山型、强烈构造活动带型四种类型。四川省境内主要分布高放射性产热型与强烈构造活动带型干热岩资源。

高放射性产热型与强烈构造活动带型干热岩资源兼具高放射性产热型与强烈构造活动带型的特点。

高放射性产热型干热岩资源主要是指以高热流花岗岩放射性生热形成的地壳热流为热源的干热岩,一般分布于具有大面积、高放射性生热率的花岗岩区域。

强烈构造活动带型干热岩资源主要是指板块间构造运动导致地壳中深层次存在高温熔融体,以此作为热源,引起浅部热异常所形成的干热岩,一般分布于构造活动强烈的区域。

# 第4章 地热资源分布特征

## 4.1 地热资源分区

按热源、热储的性质及条件，载热介质的种类及控制资源的地质构造特征，将四川省地热资源的区域划分为五个地热区：四川盆地地热区、盆周山地地热区、川西南地热区、川西高原地热区和川西北高原地热区。每个地热区又可进一步进行划分，详见图4-1和表4-1。这五大区块的地热资源主要为水热型地热资源，干热岩地热资源仅在川西高原地热区分布。

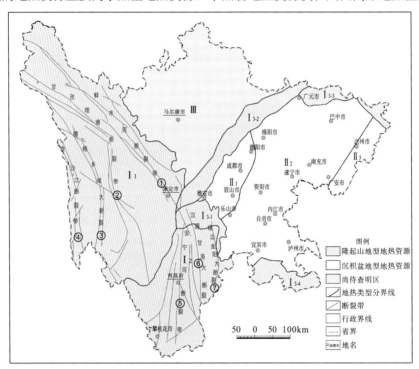

图4-1 四川省地热资源分区图

表4-1 四川省地热资源分区表

| 地热资源分区/分带 | | 控制性构造/构造单元 | 热储类型 | 热储岩性 |
|---|---|---|---|---|
| 四川盆地地热区（Ⅰ） | 成都平原地热区Ⅰ₁ | 川西台陷 | 岩溶型层状热储 | 白云岩、灰岩 |
| | 川中丘陵、低山地热区Ⅰ₂ | 川中台拱、川北台陷 | | |
| | 川东平行岭谷地热区Ⅰ₃ | 川东陷褶束 | | |
| 盆周山地地热区（Ⅱ₁） | 峨眉山地热区Ⅱ₁₋₁ | 峨眉山断拱 | 裂隙型带状+岩溶型层状热储 | 白云岩、灰岩 |
| | 龙门山地热区Ⅱ₁₋₂ | 龙门山陷褶断束 | | |
| | 广元-巴中-达州地热区Ⅱ₁₋₃ | 汉南台拱、大巴山陷褶束 | | |
| | 叙永-筠连地热区Ⅱ₁₋₄ | 筠连凹褶束 | 岩溶型层状热储 | |

续表

| 地热资源分区/分带 | 控制性构造/构造单元 | 热储类型 | 热储岩性 |
|---|---|---|---|
| 川西南地热区（II₂） 安宁河地热带① 汉源-甘洛地热带② 峨边-金阳地热带③ | 安宁河断裂带 汉源-甘洛断裂带 峨边-金阳断裂带 | 裂隙型带状+岩溶型层状热储 | 白云岩、灰岩、砂岩 |
| 川西高原地热区（II₃） 鲜水河地热带④ 甘孜-理塘地热带⑤ 德格-乡城地热带⑥ 金沙江地热带⑦ | 鲜水河断裂带 甘孜-理塘断裂带 德格-乡城断裂带 金沙江断裂带 | 裂隙型带状热储 | 变质砂板岩、长石石英砂岩、千枚岩、砾岩、大理岩、灰岩、花岗岩等 |
| 川西北高原地热区（II₄） | — | 裂隙型带状热储 | 砾岩、砂岩、板岩、花岗岩、灰岩等 |

## 4.2　水热型地热资源分布特征

本书共收集了四川省内地热点 337 处，其中泉点 252 处，地热井点 85 处(图 4-2)。总体上表现为西部、西南部山区以天然露头为主，数量大，共 232 个泉点，占泉点总数的 92.1%；盆地及盆周山区主要为人工揭露的地热井，天然露头少见，共 60 个地热井，占地热井总数的 70.6%。

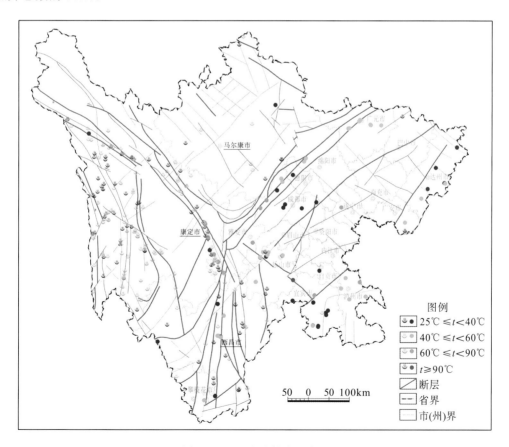

图 4-2　四川省地热点分布图

注：t 为温度(℃)，后同

### 4.2.1    四川盆地地热区

四川盆地地热资源属沉积盆地型地热资源,岩溶型层状热储,地热流体温度相对较低,为四川盆地低温地热区。

四川盆地天然露头罕见,仅收集到 1 处天然露头,出露于采矿巷道中。盆地内地热资源多以人工钻井方式揭露,共收集到 35 处地热井资料(图 4-3、表 4-1),多是石油勘探井揭露后经后期改造而成,目前因地热开发热潮,也实施了一部分地热钻井。地热井井深一般在 1800~2500m,深者达 3900m,井口温度为 25~93℃,流量为 12.1~8000.0m³/d,差异较大。

受到钻探技术和开发成本的限制,四川盆地低温地热区地热资源均分布于盆地边缘热储埋深相对较浅的地区(<4000m),热矿水温度差异较大,一般介于 40~60℃(图 4-4),水温大于 90℃的热矿水仅有一处,位于乐山市犍为县孝姑镇岩门村,水温为 93℃,井深3350m。区内热矿水水温受到地热增温的影响,一般来说,钻探深度越深,则水温越高,本次调查的地热井大致体现了这一特点(图 4-5)。

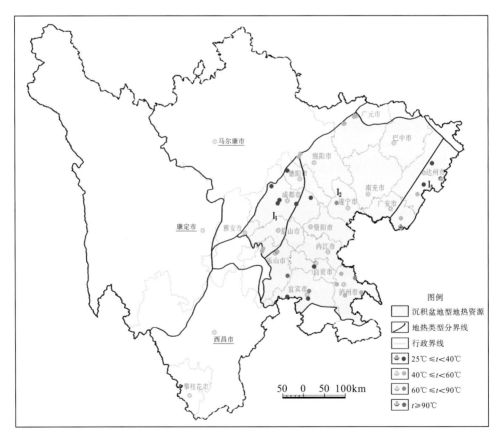

图 4-3    四川盆地地热区地热资源分布图

表 4-1　四川盆地地热区地热特征表

| 类型 | 数量/个 | 温度/℃ | | | 流量/(m³/d) | | | 井深/m |
|---|---|---|---|---|---|---|---|---|
| | | 最高 | 最低 | 平均 | 最高 | 最低 | 平均 | |
| 温泉 | 1 | 31 | 31 | 31 | 12.1 | 12.1 | 12.1 | — |
| 地热井 | 35 | 93 | 25 | 44.6 | 8000.0 | 13.9 | 1098.9 | 670～3900 |

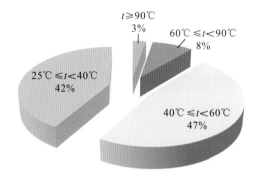

图 4-4　四川盆地地热区热矿水温度统计图

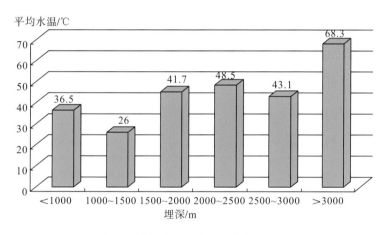

图 4-5　区内地热井平均水温与埋深关系图

根据三叠系雷口坡组、嘉陵江组及二叠系茅口组地层埋深等值线图(图 4-6～图 4-8)，可见三叠系雷口坡组地层在盆地区底板一般埋深为 500～6000m，龙门山前埋藏深，向东埋深逐渐减小；三叠系嘉陵江组地层顶板一般埋深为 1000～7000m，由龙门山前向东逐渐减小；二叠系茅口组地层顶板埋深一般为 1500～8000m，同样龙门山前埋深大，向东埋深逐渐减小，大部分地区埋深大于 4000m。

区内三叠系热储层地热资源量达 $1.30\times10^{18}$kJ，地热资源可开采量达 $1.95\times10^{17}$kJ；二叠系热储层地热资源量达 $6.26\times10^{17}$kJ，地热资源可开采量达 $9.38\times10^{16}$kJ。

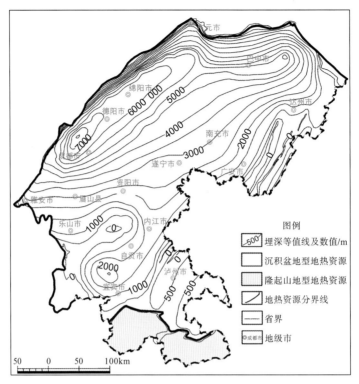

图 4-6  三叠系雷口坡组地层顶板埋深等值线图

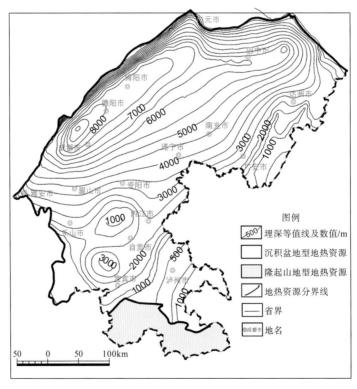

图 4-7  三叠系嘉陵江组地层底板埋深等值线图

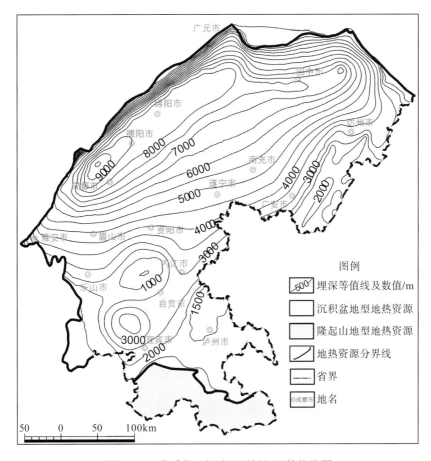

图 4-8　二叠系茅口组地层顶板埋深等值线图

### 4.2.1.1　成都平原地热区

成都平原地热区是龙门山前山断裂与龙泉山之间的平原地区,主要包括成都的大部分地区,以及绵阳、德阳、眉山、乐山、雅安等的部分地区。

该地热区内地热点均为地热井,共有 8 处(表 4-2),均为中温温泉,井口水温最高为 50℃,最低为 36℃,地热井井深 1700~3900m。

该区的主要热储层为三叠系雷口坡组、嘉陵江组的灰岩、白云岩含水层,局部取震旦系的碳酸盐岩含水层热水,盖层为上覆的厚度大、热导率低的砂泥页岩地层。在部分地区,碳酸盐岩埋深过大,在局部构造有利部位,于白垩系、侏罗系、上三叠统的砂泥岩裂隙发育地层中也可获取地热水。

表 4-2　成都平原区地热特征表

| 类型 | 数量/个 | 温度/℃ | | | 开采流量/(m³/d) | 井深/m |
| --- | --- | --- | --- | --- | --- | --- |
| | | 最高 | 最低 | 平均 | | |
| 地热井 | 8 | 50 | 36 | 40.2 | 19.1~860.0 | 1700~3900 |

### 4.2.1.2　川中丘陵、低山地热区

川中丘陵、低山地热区位于四川盆地中部，包括广元、巴中、绵阳、南充、达州、广安、遂宁、德阳、成都、资阳、眉山、内江、乐山、自贡、宜宾、泸州的广大地区。区内有地热点 20 处(表 4-3、图 4-9)，均为人工钻探的地热井，井口水温为 27~93℃，井深800~3350m。三叠系热储层地热资源量达 $1.13 \times 10^{18}$ kJ，地热资源可开采量达 $1.77 \times 10^{17}$ kJ，二叠系热储层地热资源量达 $5.46 \times 10^{17}$ kJ，地热资源可开采量达 $8.20 \times 10^{16}$ kJ。

表 4-3　川中丘陵、低山区地热特征表

| 类型 | 数量 /个 | 温度/℃ | | | 开采流量/(m³/d) | 井深 /m |
| --- | --- | --- | --- | --- | --- | --- |
| | | 最高 | 最低 | 平均 | | |
| 地热井 | 20 | 93 | 27 | 48.0 | 13.9~5849.3 | 800~3350 |

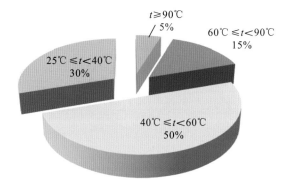

图 4-9　川中丘陵、低山地热区热矿水温度统计图

区内热储层埋藏深度大，受到钻探工艺与成本的控制，开发利用的一般是中三叠统雷口坡组 ($T_2l$) 和下三叠统嘉陵江组 ($T_1j$) 白云岩，以及下二叠统茅口组 ($P_1m$) 灰岩地层中的热矿水。其上覆盖层为侏罗系、上三叠统的砂泥岩地层或上二叠统的砂岩、玄武岩、泥页岩地层，一般盖层厚度大、完整性较好，隔热保温作用好。

### 4.2.1.3　川东平行岭谷地热区

川东平行岭谷地热区系华蓥山地区北东—南西向平行排列的背斜山地，包括达州市、广安市部分地区。

区内共有地热点 8 处，其中天然温泉 1 处、地热井 7 处(表 4-4、图 4-10)。温泉为低温温泉，水温为 31℃，流量为 12.1m³/d；地热井水温为 25~52℃，平均温度为 38.7℃，井深 670~2800m。三叠系热储层地热资源量达 $1.16 \times 10^{17}$ kJ，地热资源可开采量达 $1.74 \times 10^{16}$ kJ；二叠系热储层地热资源量达 $7.96 \times 10^{16}$ kJ，地热资源可开采量达 $1.19 \times 10^{16}$ kJ。

表 4-4　川东平行岭谷地热区特征表

| 类型 | 数量/个 | 温度/℃ | | | 开采流量/(m³/d) | 井深/m |
|---|---|---|---|---|---|---|
| | | 最高 | 最低 | 平均 | | |
| 温泉 | 1 | 31 | 31 | 31 | 12.1 | — |
| 地热井 | 7 | 52 | 25 | 38.7 | 94.2～8000.0 | 670～2800 |

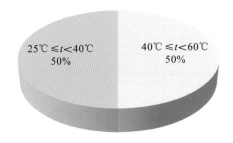

图 4-10　川东平行岭谷地热区热矿水温度统计图

　　区内热储层埋深较川中丘陵、低山地热区浅，为中三叠统雷口坡组($T_2l$)和下三叠统嘉陵江组($T_1j$)白云岩，下二叠统茅口组($P_1m$)灰岩地层。盖层为上覆厚度大、传导性低的砂泥页岩地层。

## 4.2.2　盆周山地地热区

　　盆周山地中低温地热区分布于四川盆地周边，包括乐山、眉山、雅安、德阳、汶川、成都、阿坝、绵阳、广元、巴中、达州、宜宾、泸州部分地区。本次共调查了 36 处地热点，包括 11 处天然温泉、25 处地热井。各温泉及地热井分布、地热特征见表 4-5 和图 4-11。

表 4-5　盆周山地地热区地热特征表

| 类型 | 数量/个 | 温度/℃ | | | 流量/(m³/d) | | | 井深/m |
|---|---|---|---|---|---|---|---|---|
| | | 最高 | 最低 | 平均 | 最高 | 最低 | 平均 | |
| 温泉 | 11 | 45 | 25.5 | 31.7 | 3456 | 8.64 | 452.9 | — |
| 地热井 | 25 | 78 | 26 | 43.8 | 2394.6 | 25.9 | 763.5 | 30～3475 |

　　区内地热点以中、低温为主，其中，中高温地热点($60℃≤t<90℃$)4 处，中温地热点($40℃≤t<60℃$)12 处，低温地热点($25℃≤t<40℃$)20 处。各地热流体温度统计见图 4-12和表 4-6。区内地热点以人工钻井的形式揭露热矿水为主，占区内地热点数的 69.4%，天然出露温泉点仅占 30.6%。地热井水温一般高于天然出露温泉。地热井最高水温为 78℃，天然温泉最高水温仅 45℃，一般温度为 25～40℃。

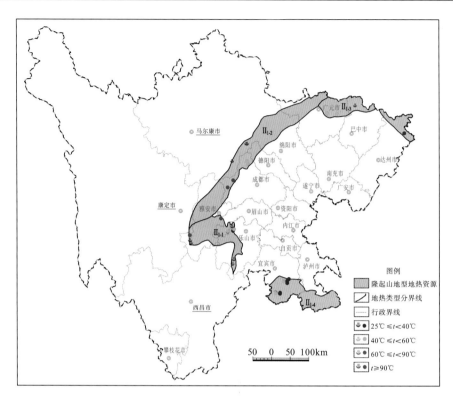

图 4-11  盆周山地地热区地热资源分布图

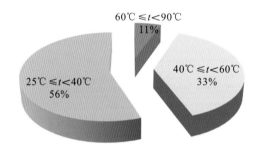

图 4-12  盆周山地地热区热矿水温度统计图

表 4-6  盆周山地地热区地热流体温度统计表

| 市(州) | 县(市、区) | 不同温度分级地热点数量/个 | | | | 合计/个 |
| --- | --- | --- | --- | --- | --- | --- |
| | | 25℃≤t<40℃ | 40℃≤t<60℃ | 60℃≤t<90℃ | t≥90℃ | |
| 阿坝州 | 茂县 | 2 | 0 | 0 | 0 | 2 |
| | 汶川县 | 1 | 0 | 0 | 0 | 1 |
| 巴中市 | 南江县 | 1 | 0 | 0 | 0 | 1 |
| 成都市 | 崇州市 | 0 | 0 | 1 | 0 | 1 |
| | 大邑县 | 0 | 0 | 1 | 0 | 1 |
| | 彭州市 | 0 | 2 | 0 | 0 | 2 |

续表

| 市(州) | 县(市、区) | 不同温度分级地热点数量/个 | | | | 合计/个 |
| | | 25℃≤t<40℃ | 40℃≤t<60℃ | 60℃≤t<90℃ | t≥90℃ | |
| 达州市 | 万源市 | 1 | 0 | 0 | 0 | 1 |
| 广元市 | 旺苍县 | 0 | 1 | 0 | 0 | 1 |
| | 昭化区 | 0 | 2 | 0 | 0 | 2 |
| 乐山市 | 峨眉山市 | 2 | 1 | 0 | 0 | 3 |
| | 马边县 | 2 | 0 | 0 | 0 | 2 |
| 眉山市 | 洪雅县 | 1 | 2 | 0 | 0 | 3 |
| 雅安市 | 雨城区 | 0 | 0 | 1 | 0 | 1 |
| | 石棉县 | 3 | 1 | 1 | 0 | 5 |
| 宜宾市 | 长宁县 | 3 | 0 | 0 | 0 | 3 |
| | 珙县 | 0 | 1 | 0 | 0 | 1 |
| | 筠连县 | 4 | 2 | 0 | 0 | 6 |
| | 合计 | 20 | 12 | 4 | 0 | 36 |

该区根据不同的断裂构造、地貌及地热点分布,可划分为四个不同的地热区:峨眉山地热区、龙门山地热区、广元-巴中-达州地热区和叙永-筠连地热区。四个地热区热储量各有不同。前三者热储类型为裂隙型带状+岩溶型层状热储的复合型热储,后者为岩溶型层状热储。

裂隙型带状+岩溶型层状热储区,地热区内出露地层杂乱,岩溶型层状热储是区内主要热储层类型,有中三叠统雷口坡组($T_2l$)、下三叠统嘉陵江组($T_1j$)白云岩,下二叠统茅口组($P_1m$)、栖霞组($P_1q$)灰岩和上震旦统灯影组($Z_2d$)白云岩。由于地热区内断裂较为发育,且作为中、高山区与四川盆地的过渡地带,构造作用强烈,区内热储又表现出裂隙型带状热储特点。各热储层地下水受到大气降水补给后,通过地温增热,地下水增温形成热矿水后或被人工钻探揭露,或深埋藏的地下热矿水受到断裂沟通,在合适的部位顺断裂运移、出露地表。

岩溶型层状热储区,热储层为碳酸盐岩地层($P_1m$、$P_1q$中灰岩),该地层易被水溶蚀,沿裂隙形成溶孔、溶洞,地表补给的地下水沿断层、裂隙及溶蚀孔洞不断向下入渗,经过深循环,地下水受到地温梯度的影响,温度不断升高,同时在水岩作用下,水中矿物成分增加,形成地下热矿水。在径流受阻的情况下沿断裂、裂隙等向上运动,排泄形成天然出露温泉或浅井温泉;在径流顺畅或热矿水埋深较大地区,经过深部人工钻井揭露,形成地热井,通过水泵抽水排泄。因此该区热源大地热流增温,一般具有埋深越深,在地温梯度影响下水温越高的特点。

#### 4.2.2.1　峨眉山地热区

峨眉山地热区包括乐山市峨眉山市,眉山市洪雅县,雅安市荥经县、石棉县、汉源县的部分地区。本次共调查了 14 处地热点，其中天然温泉 5 处、地热井 9 处(表 4-7)。温泉水温较低，为 26～33℃，地热井温度则较泉水高。地热点出口温度≥60℃的有 2 处，40～60℃的 4 处，25～40℃的 8 处。同时，区内地热井深度较大，井深 3000m 以上的 1 处，井深 2000～3000m 的 4 处。地热资源量可达 1.86×10$^{15}$kJ，地热流体可开采热量达 3.46×10$^{11}$kJ/a。

表 4-7  峨眉山地热区地热资源特征表

| 地热区 | 类型 | 数量/个 | 温度/℃ | | | 流量/(m³/d) | | | 井深/m |
|---|---|---|---|---|---|---|---|---|---|
| | | | 最高 | 最低 | 平均 | 最高 | 最低 | 平均 | |
| 峨眉山地热区 | 温泉 | 5 | 33 | 26 | 29.8 | 276.5 | 8.6 | 122.7 | — |
| | 地热井 | 9 | 78 | 26 | 45.0 | 1987.2 | 187.7 | 742.5 | 239.34～3475 |

地热区内热储为裂隙型带状+岩溶型层状热储，热储岩性包括中三叠统雷口坡组($T_2l$)、下三叠统嘉陵江组($T_1j$)白云岩，下二叠统茅口组($P_1m$)、栖霞组($P_1q$)灰岩和上震旦统灯影组($Z_2d$)白云岩。

#### 4.2.2.2  龙门山地热区

龙门山地热区为龙门山前山断裂与后山断裂之间的条状地区，包括雅安、成都、德阳、绵阳、广元等的部分地区。

区内共调查了 7 处地热点，其中温泉 3 处、地热井 4 处(表 4-8)。地热井水温较温泉水温高，井深 1602～2801.3m。地热资源量可达 1.17×10$^{15}$kJ，地热流体可开采热量达 1.34×10$^{11}$kJ/a。

表 4-8  龙门山地热区地热资源特征表

| 地热区 | 类型 | 数量/个 | 温度/℃ | | | 流量/(m³/d) | | | 井深/m |
|---|---|---|---|---|---|---|---|---|---|
| | | | 最高 | 最低 | 平均 | 最高 | 最低 | 平均 | |
| 龙门山地热区 | 温泉 | 3 | 33.7 | 28 | 29.9 | 224.6 | 43.2 | 133.6 | — |
| | 地热井 | 4 | 68 | 41.3 | 54.6 | 350 | 100.1 | 179.0 | 1602～2801.3 |

地热区内热储为裂隙型带状+岩溶型层状热储，热储岩性包括中三叠统雷口坡组($T_2l$)、下三叠统嘉陵江组($T_1j$)白云岩，下二叠统茅口组($P_1m$)、栖霞组($P_1q$)灰岩和上震旦统灯影组($Z_2d$)白云岩。

#### 4.2.2.3  广元-巴中-达州地热区

广元-巴中-达州地热区在四川省东北侧呈带状分布，包括广元市、绵阳市、巴中市、达州市的部分地区。区内构造较为发育，地层岩性复杂。本次共调查了 5 处地热点，其中 1 处为天然温泉，水温为 25.5℃，4 处为地热井，井口水温为 38～52℃(表 4-9)。地热资源量可达 8.00×10$^{14}$kJ，地热流体可开采热量达 2.19×10$^{11}$kJ/a。

表 4-9　广元-巴中-达州地热区地热资源特征表

| 地热区 | 类型 | 数量/个 | 温度/℃ | | | 流量/(m³/d) | | | 井深/m |
|---|---|---|---|---|---|---|---|---|---|
| | | | 最高 | 最低 | 平均 | 最高 | 最低 | 平均 | |
| 广元-巴中-达州地热区 | 温泉 | 1 | 25.5 | 25.5 | 25.5 | 274.8 | 274.8 | 274.8 | — |
| | 地热井 | 4 | 52 | 38 | 44 | 2288 | 50 | 1323 | 861～2572 |

地热区内热储为裂隙型带状+岩溶型层状热储，热储岩性包括中三叠统雷口坡组($T_2l$)、下三叠统嘉陵江组($T_1j$)白云岩，下二叠统茅口组($P_1m$)、栖霞组($P_1q$)灰岩和上震旦统灯影组($Z_2d$)白云岩。

#### 4.2.2.4　叙永-筠连地热区

叙永-筠连地热区位于四川省东南角、宜宾市以南地区。总体构造为川东隔挡式褶皱束平行岭谷之南段，具体包括华蓥山穹褶束、泸州穹褶束、威远等，包括泸州、宜宾这 2 个市的部分地区。区内共调查了 10 处地热点，其中天然温泉 2 处，地热井 8 处(表 4-10)。区内地热点水温较低，有 67%的地热点水温小于 40℃。地热井深度一般较浅。地热资源量可达 $1.18×10^{15}$ kJ，地热流体可开采热量达 $3.67×10^{11}$ kJ/a。

表 4-10　叙永-筠连地热区地热资源特征表

| 地热区 | 类型 | 数量/个 | 温度/℃ | | | 流量/(m³/d) | | | 井深/m |
|---|---|---|---|---|---|---|---|---|---|
| | | | 最高 | 最低 | 平均 | 最高 | 最低 | 平均 | |
| 叙永-筠连地热区 | 温泉 | 2 | 45 | 40 | 42.5 | 3456 | 236.7 | 1846.4 | — |
| | 地热井 | 8 | 42 | 32 | 37.3 | 2394.6 | 25.9 | 799.7 | 30～2325 |

地热区内热储为岩溶型层状热储，热储岩性主要为中三叠统雷口坡组($T_2l$)、下三叠统嘉陵江组($T_1j$)白云岩，下二叠统茅口组($P_1m$)、栖霞组($P_1q$)灰岩。上覆盖层为侏罗系、上三叠统的砂泥岩地层或上二叠统的砂岩、玄武岩、泥页岩地层，一般盖层厚度大，完整性较好，隔热保温作用好。

### 4.2.3　川西南地热区

川西南地热区包括攀枝花市、凉山州大部分地区及乐山市、雅安市部分地区。共有地热点 40 处，其中天然出露泉点 30 处、地热井 10 处，其分布见图 4-13，地热流体特征见表 4-11。

区内地热点以中、低温为主，其中，无高温地热点($t≥90$℃)，中高温地热点($60℃≤t<90$℃)3 处，中温地热点($40℃≤t<60$℃)17 处，低温地热点($25℃≤t<40$℃)20 处。各地热流体温度统计见表 4-12。天然出露温泉水温基本集中在 25～60℃(图 4-14)，其中，天然出露温泉泉口温度最高达 70℃，位于雅安市石棉县栗子坪乡公益海护林站东南，泉流量为 141.5m³/d。

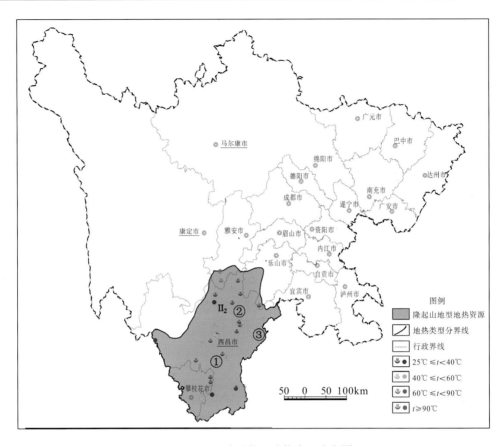

图 4-13　川西南地热区地热资源分布图

表 4-11　川西南地热区地热特征表

| 类型 | 数量/个 | 温度/℃ | | | 流量/(m³/d) | | | 井深/m |
|---|---|---|---|---|---|---|---|---|
| | | 最高 | 最低 | 平均 | 最高 | 最低 | 平均 | |
| 温泉 | 30 | 70 | 25 | 40.4 | 3456 | 20.7 | 405.3 | — |
| 地热井 | 10 | 61 | 32 | 44.1 | 2400 | 103.7 | 586.8 | 76.5~2000 |

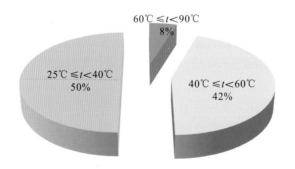

图 4-14　川西南地热区热矿水温度统计图

表 4-12　川西南地热区地热流体温度统计表

| 市(州) | 县(市) | 不同温度分级地热点数量/个 | | | | 合计/个 |
|---|---|---|---|---|---|---|
| | | 25℃≤t<40℃ | 40℃≤t<60℃ | 60℃≤t<90℃ | t≥90℃ | |
| 凉山州 | 甘洛县 | 2 | 0 | 0 | 0 | 2 |
| | 会东县 | 2 | 2 | 0 | 0 | 4 |
| | 会理市 | 2 | 0 | 0 | 0 | 2 |
| | 雷波县 | 0 | 1 | 0 | 0 | 1 |
| | 冕宁县 | 2 | 0 | 0 | 0 | 2 |
| | 普格县 | 1 | 1 | 0 | 0 | 2 |
| | 西昌市 | 2 | 2 | 0 | 0 | 4 |
| | 喜德县 | 0 | 3 | 0 | 0 | 3 |
| | 盐源县 | 2 | 1 | 0 | 0 | 3 |
| | 越西县 | 1 | 1 | 0 | 0 | 2 |
| | 昭觉县 | 3 | 2 | 0 | 0 | 5 |
| 攀枝花市 | 米易县 | 2 | 0 | 0 | 0 | 2 |
| | 盐边县 | 0 | 2 | 0 | 0 | 2 |
| 雅安市 | 石棉县 | 0 | 0 | 3 | 0 | 3 |
| 乐山市 | 峨边县 | 0 | 2 | 0 | 0 | 2 |
| | 马边县 | 1 | 0 | 0 | 0 | 1 |
| 合计 | | 20 | 17 | 3 | 0 | 40 |

　　该区天然出露泉点的分布受到地貌、地层岩性和地质构造的共同作用。在大断裂的控制下，基本沿安宁河深断裂带、汉源-甘洛大断裂、峨边-金阳大断裂呈带状分布。因其热储受断裂影响，具有裂隙型热储特征，兼之热储岩性一般为碳酸盐岩地层，具有层状热储特性，该区热储类型属裂隙型带状热储与岩溶型层状热储共同构成的复合型热储。热储岩性主要为白云岩、灰岩、砂岩等。

　　受到构造作用的影响，区内地层岩性复杂、破碎，第四系至古元古界地层均有分布。受印支、燕山运动影响，区内褶皱、断裂发育，并伴有大规模的中酸性岩浆岩侵入，出现大片的南北向岩浆带。热水多沿着断裂、破碎带或侵入体的接触带有规律地分布。

　　其热源以挽近断裂变动和地震活动产生的机械热能为主，其次为地温梯度增热、花岗岩体的岩浆余热以及放射性元素蜕变产生的化学能。

　　该区按照不同的断裂构造及温泉分布，可进一步分为三个略有差异的地热带：安宁河地热带、汉源-甘洛地热带和峨边-金阳地热带。

　　各地热带多出露中-低温温泉，只在汉源-甘洛地热带调查到一处温度大于60℃的天然温泉。不同温度分级温泉统计情况见表 4-13。共调查地热井 10 处，仅为中低温热矿水。以安宁河断裂带井点最多，有 8 处。

表 4-13    川西南地热区各地热带温泉温度分级统计表

| 地热带名称 | 温泉数量/个 | 不同温度分级温泉数量/个 | | | |
|---|---|---|---|---|---|
| | | 25℃≤t<40℃ | 40℃≤t<60℃ | 60℃≤t<90℃ | t≥90℃ |
| 安宁河地热带 | 12 | 7 | 5 | 0 | 0 |
| 汉源-甘洛地热带 | 15 | 8 | 6 | 1 | 0 |
| 峨边-金阳地热带 | 3 | 1 | 2 | 0 | 0 |

#### 4.2.3.1  安宁河地热带

安宁河地热带位于川西南地热区中部，经石棉、冕宁、喜德、西昌至米易、盐边，沿安宁河深断裂带展布。

安宁河深断裂带北起金汤，往南沿大渡河经康定、泸定到石棉，然后大体上沿安宁河、雅砻江下游展布，经金沙江后进入云南境内罗次和易门，在四川境内长约 400km。该断裂为压性-压剪性中等活动强度的岩石圈断裂，受其控制，地热露头沿断裂带呈北北东向带状分布。带内热储主要由断层破碎带、构造裂隙带组成，岩性主要有灰岩、白云岩、砂岩等。

区内发育的断裂构造及其断裂破碎带为地下热水的运移与储存提供了空间，运移受阻时，地下热水沿断裂带或破碎带向上运移，在条件适宜的地区出露于地表，形成天然出露的温泉。

带内共出露天然温泉 12 处、地热井 8 处(表 4-14)。地表水热显示主要为温泉、热泉，调查的天然出露温泉温度均在 25~60℃(图 4-15)，深部热储温度为 77.7~97.7℃，属低温水热系统。地热资源量可达 $3.45×10^{15}$kJ，地热流体可开采热量达 $2.81×10^{11}$kJ/a。

表 4-14    安宁河地热带地热资源特征表

| 地热带 | 类型 | 数量/个 | 温度/℃ | | | 流量/(m³/d) | | |
|---|---|---|---|---|---|---|---|---|
| | | | 最高 | 最低 | 平均 | 最高 | 最低 | 平均 |
| 安宁河地热带 | 温泉 | 12 | 49 | 25 | 36.8 | 3456 | 20.7 | 540.1 |
| | 地热井 | 8 | 53 | 32 | 41.4 | 833.3 | 103.7 | 383.4 |

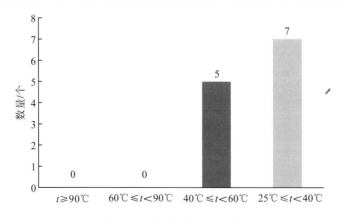

图 4-15    安宁河地热带天然温泉温度分级图

#### 4.2.3.2 汉源-甘洛地热带

汉源-甘洛地热带位于安宁河地热带东侧,包括汉源、甘洛、布拖等地,沿汉源-甘洛大断裂展布。该断裂带是峨眉山玄武岩喷发的主要通道,并有华力西期的基性岩侵入。沿断裂发育有一系列南北向紧密褶皱和波状弯曲的断裂,主断裂常有分叉、复合现象。断裂以西,褶皱形态开阔、平坦,呈低缓褶曲。东侧背斜呈现高隆起或倒转现象,向斜平缓、开阔,具有隔挡式褶皱特点,沿断裂带岩石强烈破碎。

带内共出露 15 处天然温泉和 1 处地热井,共 16 处地热点(表 4-15)。天然出露温泉多沿断裂呈带状分布,温度高者达 70℃,低者仅 27℃,以 25~40℃水温的温泉数量最多,40~60℃次之(图 4-16)。深部热储温度为 59.3~91.8℃,属低温水热系统。地热资源量可达 $2.12×10^{15}$kJ,地热流体可开采热量达 $1.14×10^{11}$kJ/a。

表 4-15 汉源-甘洛地热带地热资源特征表

| 地热带 | 类型 | 数量/个 | 温度/℃ | | | 流量/(m³/d) | | |
|---|---|---|---|---|---|---|---|---|
| | | | 最高 | 最低 | 平均 | 最高 | 最低 | 平均 |
| 汉源-甘洛地热带 | 温泉 | 15 | 70 | 27 | 42.0 | 1019.5 | 25.9 | 242.7 |
| | 地热井 | 1 | 61 | 61 | 61 | 400 | 400 | 400 |

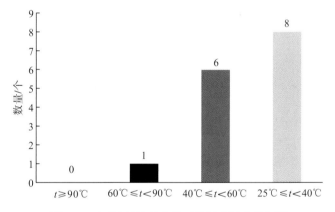

图 4-16 汉源-甘洛地热带天然温泉温度分级图

带内热储主要由断层破碎带、构造裂隙带组成,岩性主要有灰岩、白云岩、砂岩等。其热源以挽近断裂变动和地震活动产生的机械热能为主,其次为地温梯度增热、花岗岩体的岩浆余热以及放射性元素衰变产生的能量。

#### 4.2.3.3 峨边-金阳地热带

峨边-金阳地热带位于川西南地热区最东侧,沿峨边-金阳大断裂展布,包括峨边、金阳、雷波、美姑等地。

峨边-金阳大断裂为弱活动断裂,挽近时期曾有较强烈的活动,从金阳向北经马边、刹水坝止于峨边,长 220km。断裂走向近南北,倾向西,倾角为 58°~80°,主要断于古生界至中生界中。沿断裂带岩层挤压破碎强烈,平行主断裂的片理、劈理发育,局部可见擦痕、拖拽褶皱和"X"节理。

受断裂控制,区内地热点沿断裂带呈北北西向呈带状分布,多出露于下二叠统、寒武系、震旦系灯影组的碳酸盐岩地层中,局部上覆的三叠系和上二叠统的砂岩、玄武岩虽裂隙发育,完整性较差,但厚度较大能起到一定的保温作用,具备部分层状热储带特征。

带内地热点较少,仅有地热点4个,其中天然温泉3处、地热井1处(表4-16、图4-17)。地表水热显示主要有温泉、热泉。深部热储温度为68.1～83.1℃,属低温水热系统。地热资源量可达 $5.80×10^{14}$kJ,地热流体可开采热量达 $2.04×10^{11}$kJ/a。

表4-16　峨边-金阳地热带地热资源特征表

| 地热带 | 类型 | 数量/个 | 温度/℃ | | | 流量/(m³/d) | | |
|---|---|---|---|---|---|---|---|---|
| | | | 最高 | 最低 | 平均 | 最高 | 最低 | 平均 |
| 峨边-金阳<br>地热带 | 温泉 | 3 | 57 | 39.2 | 46.5 | 1321.9 | 172.8 | 679.1 |
| | 地热井 | 1 | 49 | 49 | 49 | 2400 | 2400 | 2400 |

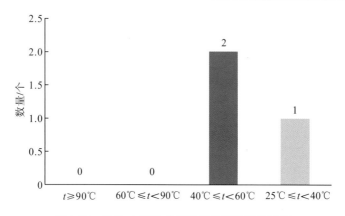

图4-17　峨边-金阳地热带天然温泉温度分级图

## 4.2.4　川西高原地热区

川西高原地热区包括整个甘孜州地区及雅安市、凉山州少部分地区。天然露头多,分布密集,温泉温度高,沸泉众多是该区的主要特点。

区内地热点众多,共收集到216处,其中天然出露温泉202处,全区范围内均有分布,地热井14处,主要分布于康定市。各温泉及地热井分布、流体特征见表4-17和图4-18。

表4-17　川西高原地热区地热特征表

| 类型 | 数量/个 | 温度/℃ | | | 流量/(m³/d) | | | 井深/m |
|---|---|---|---|---|---|---|---|---|
| | | 最高 | 最低 | 平均 | 最高 | 最低 | 平均 | |
| 温泉 | 202 | 92 | 25 | 48.1 | 7516.8 | 0.9 | 406.6 | — |
| 地热井 | 14 | 190 | 28.5 | 74.4 | 5079 | 41.5 | 607.0 | 23～2010 |

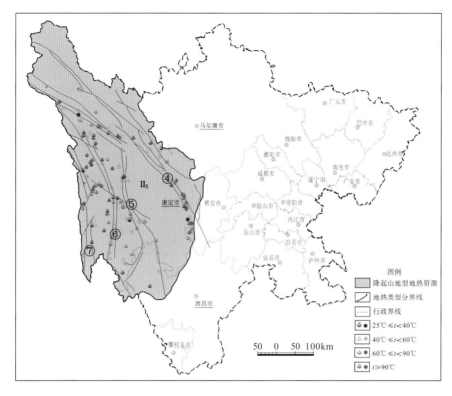

图 4-18　川西高原地热区地热资源分布图

　　区内地热井和温泉水温差异较大，其中，高温地热点（$t \geqslant 90℃$）3 处，中高温地热点（$60℃ \leqslant t < 90℃$）52 处，中温地热点（$40℃ \leqslant t < 60℃$）97 处，低温温泉（$25℃ \leqslant t < 40℃$）64 处。各分级地热流体温度统计见表 4-18。

表 4-18　川西高原地热区地热流体温度统计表

| 市（州） | 县（市） | 不同温度分级地热点数量/个 | | | | 合计/个 |
|---|---|---|---|---|---|---|
| | | $25℃ \leqslant t < 40℃$ | $40℃ \leqslant t < 60℃$ | $60℃ \leqslant t < 90℃$ | $t \geqslant 90℃$ | |
| 甘孜州 | 巴塘县 | 7 | 8 | 14 | 0 | 29 |
| | 白玉县 | 14 | 5 | 1 | 0 | 20 |
| | 丹巴县 | 1 | 5 | 2 | 0 | 8 |
| | 道孚县 | 2 | 6 | 0 | 0 | 8 |
| | 稻城县 | 1 | 4 | 2 | 0 | 7 |
| | 得荣县 | 1 | 1 | 0 | 0 | 2 |
| | 德格县 | 7 | 7 | 4 | 0 | 18 |
| | 甘孜县 | 3 | 6 | 1 | 0 | 10 |
| | 九龙县 | 0 | 1 | 2 | 0 | 3 |
| | 康定市 | 8 | 9 | 13 | 2 | 32 |
| | 理塘县 | 9 | 17 | 9 | 0 | 35 |

| 市(州) | 县(市) | 不同温度分级地热点数量/个 | | | | 合计/个 |
|---|---|---|---|---|---|---|
| | | 25℃≤t<40℃ | 40℃≤t<60℃ | 60℃≤t<90℃ | t≥90℃ | |
| 甘孜州 | 泸定县 | 2 | 5 | 1 | 1 | 9 |
| | 炉霍县 | 2 | 2 | 0 | 0 | 4 |
| | 乡城县 | 2 | 9 | 1 | 0 | 12 |
| | 新龙县 | 2 | 6 | 0 | 0 | 8 |
| | 雅江县 | 0 | 1 | 1 | 0 | 2 |
| 凉山州 | 木里县 | 1 | 1 | 0 | 0 | 2 |
| 雅安市 | 石棉县 | 2 | 4 | 1 | 0 | 7 |
| 合计 | | 64 | 97 | 52 | 3 | 216 |

温泉是地热资源在地表的直接热显示，区内温泉类型齐全，据不完全统计，区内自然出露的温泉数量为 202 处，其中，高温温泉($t$≥90℃) 1 处，中高温温泉(60℃≤$t$<90℃) 44 处，中温温泉(40℃≤$t$<60℃) 95 处，低温温泉(25℃≤$t$<40℃) 62 处(图 4-19)。

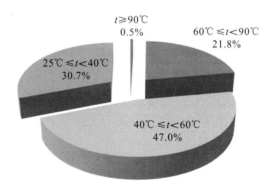

图 4-19  区内天然出露温泉温度统计图

区内甘孜州地区海拔较高，沸点较低，州内已知的沸泉有 17 处，均集中分布在巴塘、理塘和甘孜三个县，尤以巴塘县茶洛温泉群最为著名。茶洛温泉群的水热显示类型齐全，既有普通温泉，又有沸泉、间歇喷泉等，虽地处高寒地带，然而泉区内却热气冲天(表 4-19)。

表 4-19  甘孜州沸泉特征

| 编号 | 热显示类型 | 地理位置 | 热储岩性 | 海拔/m | 泉口温度/℃ | 流量/(m³·d) | 水化学类型 |
|---|---|---|---|---|---|---|---|
| 1 | 沸泉 | 康定市榆林街道灌顶 | 黑云母花岗岩 | 3043 | 81 | 612 | HCO₃·Cl-Na |
| 2 | 沸泉 | 理塘县奔戈乡卡灰村 | 泥质板岩 | 3952 | 86 | 1684.8 | HCO₃·SO₄-Na |
| 3 | 沸泉 | 理塘县奔戈乡卡灰村 | 泥质板岩 | 4003 | 82 | 1209.6 | HCO₃·SO₄-Na |
| 4 | 沸泉 | 理塘县奔戈乡卡灰村 | 泥质板岩 | 3986 | 78 | 1339.2 | HCO₃·SO₄-Na |

| 编号 | 热显示类型 | 地理位置 | 热储岩性 | 海拔/m | 泉口温度/℃ | 流量/<br>(m³/d) | 水化学类型 |
|---|---|---|---|---|---|---|---|
| 5 | 沸泉 | 乡城县沙贡乡章吉村 | 砂板岩 | 3067 | 89 | 216 | HCO₃-Na |
| 6 | 沸泉 | 巴塘县茶洛乡热坑 | 板岩 | 3538 | 86 | 336 | HCO₃-Na |
| 7 | 沸泉、间歇喷泉、<br>喷气孔 | 巴塘县茶洛乡热坑 | 板岩 | 3579 | 89 | 276 | HCO₃-Na |
| 8 | 沸泉 | 巴塘县茶洛乡热坑 | 板岩 | 3566 | 86 | 84 | HCO₃·SO₄-Na |
| 9 | 沸泉 | 巴塘县茶洛乡热坑 | 板岩 | 3569 | 87 | 355 | HCO₃-Na |
| 10 | 沸泉 | 巴塘县茶洛乡热水塘 | 板岩、千枚岩 | 4097 | 84 | 492 | HCO₃-Na |
| 11 | 沸泉 | 巴塘县茶洛乡热水塘 | 板岩、千枚岩 | 4087 | 86 | 129.6 | HCO₃-Na |
| 12 | 沸泉 | 理塘县禾尼乡嘎波库 | 砂板岩 | 4450 | 83 | 2078.4 | — |
| 13 | 沸泉 | 甘孜县拖坝乡雅砻江左岸 | 碳质板岩、<br>粉砂质板岩 | 3337 | 89 | 12 | SO₄-Na |
| 14 | 沸泉 | 泸定县海螺沟二号营地 | 板岩 | 2400 | 92 | 88.992 | — |
| 15 | 自流井(沸、<br>喷气孔) | 康定市雅拉乡大盖 | 砂板岩 | 3107 | 83 | 41.52 | HCO₃-Na |
| 16 | 自流井(沸) | 康定市榆林街道白湾 | 燕山晚期黑云母<br>花岗岩 | 2978 | 84 | 147.84 | HCO₃·Cl-Na |
| 17 | 自流井(沸) | 康定市榆林街道 | 燕山晚期黑云母<br>花岗岩 | 2976 | 85 | 43.2 | — |

注：表中地理位置来自地质调查原始资料。

　　该区地下热水明显地受金沙江断裂、德格-乡城断裂、甘孜-理塘断裂、鲜水河断裂控制。热储类型为裂隙型带状热储。大多数温泉分布在东经 99°～102°和北纬 29°～32°的区域内。在自然出露的 202 处温泉中，有 156 处集中在理塘县、康定市、巴塘县、白玉县、德格县、乡城县和甘孜县，占总数的 77%。

　　按照不同的控热构造及温泉分布，可进一步分为四个略有差异的地热带：鲜水河地热带、甘孜-理塘地热带、德格-乡城地热带和金沙江地热带。不同温度分级温泉统计情况见表 4-20。

表 4-20　川西高原地热区各地热带温泉温度分级统计表

| 地热带名称 | 温泉总数量/个 | 不同温度分级温泉数量/个 | | | |
|---|---|---|---|---|---|
| | | 25℃≤t<40℃ | 40℃≤t<60℃ | 60℃≤t<90℃ | t≥90℃ |
| 鲜水河地热带 | 57 | 16 | 30 | 10 | 1 |
| 甘孜-理塘地热带 | 51 | 13 | 27 | 11 | 0 |
| 德格-乡城地热带 | 60 | 21 | 27 | 12 | 0 |
| 金沙江地热带 | 34 | 12 | 11 | 11 | 0 |

川西高原地热区内共有地热井 14 处，基本分布于鲜水河地热带，该地热带地表天然热显示以中温为主，但由于该地处于政治、经济的中心，人工揭露的地热井数量较多，达 12 处，井深最大达 2010m，水温最高为 190℃。该类地热井一般揭穿第四系地层后，受到下部热源深部对流的影响，地下水水温出现陡增，显示了下伏地热资源巨大的潜力。

### 4.2.4.1　鲜水河地热带

鲜水河地热带位于石棉、泸定、康定、道孚、炉霍、色达一线，以康定为中心，温泉分布最为密集。带内温泉众多，断裂发育。鲜水河断裂是区内的控制性断裂，其处在板块碰撞接触影响地带，为一大型韧性平移剪切带，属浅层高温剪切带，挽近时期构造运动强烈，是著名的强地震活动带。该带由炉霍经道孚至康定，切割三叠系砂板岩地层。康定以西长 70km、宽 7～13km 的折多山-贡嘎山花岗岩体为同构造岩浆产物。断裂带上有强烈的挤压破碎现象，断层带、劈理带、挤压片理带、褶皱破碎带均十分发育。花岗岩常形成碎裂岩或糜棱岩。

鲜水河地热带内出露的天然温泉具有沿断裂分布的特点，沿鲜水河断裂呈线性或串珠状密集出露，尤其是康定雅拉河至榆林街道一带分布最为密集。带内地热点共 69 处，占川西高原地热区的 31.9%。天然温泉共 57 处（表 4-21），其中，康定 23 处，泸定 6 处，炉霍 4 处，道孚 8 处，丹巴 8 处，九龙 1 处，石棉 7 处。区内温泉平均温度为 46.6℃，温度为 40～60℃的温泉数量最多，占 52.6%（图 4-20），最高位于甘孜州泸定县磨西镇海螺沟二号营地，水温 92℃，流量为 89m³/d。地热资源量可达 7.73×10¹⁵kJ，地热流体可开采热量达 1.11×10¹²kJ/a。

表 4-21　鲜水河地热带地热点统计表

| 地热带 | 地热点类型 | 数量/个 | 温度/℃ 最高 | 最低 | 平均 | 流量/(m³/d) 最高 | 最低 | 平均 | 井深/m |
|---|---|---|---|---|---|---|---|---|---|
| 鲜水河地热带 | 温泉 | 57 | 92 | 25 | 46.6 | 4324.32 | 0.9 | 350.4 | — |
| | 地热井 | 12 | 190 | 28.5 | 79.4 | 5078.6 | 41.5 | 686.4 | 23～2010 |

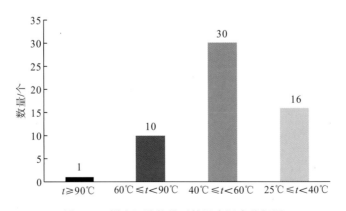

图 4-20　鲜水河地热带天然温泉温度分级图

该地热带热源主要来源于沿鲜水河断裂带上升的地幔岩浆热与地下水深循环对流传热。热储一般为开放式热储,断裂破碎带和影响带是主要热储层,岩性主要为变质砂板岩、花岗岩、大理岩、灰岩等;部分河谷地区上覆第四系松散堆积层较厚且受胶结好时也可局部形成次要热储层。一般无盖层,部分地区第四系松散层因钙华胶结或堆积而形成局部盖层。

### 4.2.4.2　甘孜-理塘地热带

甘孜-理塘地热带沿甘孜-理塘深断裂带展布,经德格、甘孜转向新龙、理塘、木里等地。甘孜-理塘深断裂带是金沙江深断裂带最东边的一条深断裂带,总体呈北北西向反"S"形,长 700km,宽度在北部、中部和南部分别为 35km、5km 和 70km。该断裂带展布面广,断裂带由多条平行断裂组成,切割古生代至三叠系地层,同时控制岩浆侵入。沿带发现蛇绿混杂岩,表明该带深切割已达上地幔。

受甘孜-理塘深断裂控制,温泉沿断裂带呈反"S"形带状密集分布,以理塘县附近分布最为密集。带内天然出露温泉 51 处,是川西高原甘孜-理塘地热区内出露温泉最多的地热带,泉口水温为 25~89℃,平均水温为 48.4℃(表 4-22),其中有 52.9%的温泉水温度为 40~60℃(图 4-21)。各温泉沿地热带出露,其中德格 14 处,甘孜 9 处,九龙 2 处,新龙 3 处,理塘 13 处,稻城 6 处,雅江 2 处,木里 2 处。地热资源量可达 $1.09 \times 10^{16}$kJ,地热流体可开采热量达 $1.99 \times 10^{12}$kJ/a。

表 4-22　甘孜-理塘地热带地热点统计表

| 地热带 | 地热点类型 | 数量/个 | 温度/℃ | | | 流量/(m³/d) | | | 井深/m |
| --- | --- | --- | --- | --- | --- | --- | --- | --- | --- |
| | | | 最高 | 最低 | 平均 | 最高 | 最低 | 平均 | |
| 甘孜-理塘地热带 | 温泉 | 51 | 89 | 25 | 48.4 | 7516.8 | 13.0 | 582.1 | — |
| | 地热井 | 2 | 50.5 | 38 | 44.3 | 130.0 | 130.0 | 130.0 | 120 |

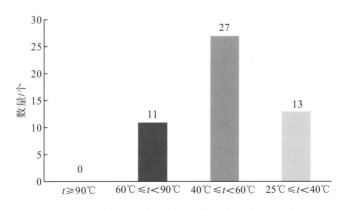

图 4-21　甘孜-理塘地热带天然温泉温度分级图

地热带地表水热显示类型丰富，有沸泉、沸喷泉、冒汽地面、蚀变、自然硫等，调查的温泉最高温度高达 89℃（甘孜县拖坝乡雅砻江左岸一级阶地），深部热储温度为 163.0～223.9℃，属高温水热系统。

沿甘孜-理塘深断裂带上升的地幔岩浆热与地下水深循环对流传热是带内的主要热源，热储岩性主要为变质砂板岩、长石石英砂岩、千枚岩、大理岩等，大部分地区无盖层。

### 4.2.4.3  德格-乡城地热带

德格-乡城地热带沿德格-乡城深断裂带展布，沿白玉、德格、理塘、乡城一线分布。德格-乡城深断裂带属金沙江深断裂系，是金沙江深断裂带最东边的一条深断裂带，自北西的青海玉树延入四川省，向南东经邓柯、玛尼干戈、甘孜、理塘、木拉至木里。该断裂带展布面广，总体呈北北西向反"S"形，长 700km，宽度在北部、中部和南部分别为 35km、5km 和 70km。

地热带内共有 60 处天然温泉，未见地热井，均沿断裂带呈南北向带状分布，其中巴塘 5 处、白玉县 13 处、稻城 1 处、德格 3 处、理塘 22 处、乡城 11 处、新龙 5 处（表 4-23）。泉口水温为 25～89℃，平均水温为 48.4℃，45% 的温泉水温在 40～60℃（图 4-22）。区内最高温出露为甘孜州乡城县沙贡乡章吉村，深部热储温度为 207.8～226.0℃，属高温水热系统。地热资源量可达 $6.44×10^{15}$kJ，地热流体可开采热量达 $3.64×10^{11}$kJ/a。

表 4-23  德格-乡城地热带地热点统计表

| 地热带 | 地热点类型 | 数量/个 | 温度/℃ | | | 流量/(m³/d) | | |
|---|---|---|---|---|---|---|---|---|
| | | | 最高 | 最低 | 平均 | 最高 | 最低 | 平均 |
| 德格-乡城地热带 | 温泉 | 60 | 89 | 25 | 48.4 | 2635.2 | 8.64 | 369.2 |

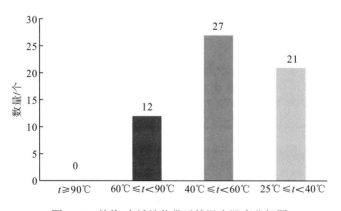

图 4-22  德格-乡城地热带天然温泉温度分级图

### 4.2.4.4  金沙江地热带

金沙江地热带位于四川省最西侧，跨白玉、巴塘和德荣地区，沿金沙江深断裂带展布。金沙江深断裂带是深切地幔的超岩石圈断裂，由几条大断裂组成，宽度可达 50km，沿着它有华力西期到喜马拉雅期的岩浆活动。断裂带在义敦以北为北北西向，以南为南北向，在义敦形成一略向东突出的弧形，茶洛热坑即在其弧顶附近。

区内温泉沿断裂带呈南北条形密集分布，温度高，沸泉多，水热活动最为强烈的地区在巴塘段。共收集到 34 处温泉，其中巴塘 24 处、白玉 7 处、得荣 2 处、乡城 1 处。温泉水温各区间数量相差不大，40~60℃和60~90℃的温泉数量相当，见图 4-23 和表 4-24。地热资源量可达 $9.20 \times 10^{14} kJ$，地热流体可开采热量达 $9.59 \times 10^{10} kJ/a$。

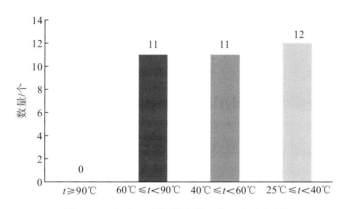

图 4-23 金沙江地热带天然温泉温度分级图

表 4-24 金沙江地热带地热点统计表

| 地热带 | 地热点类型 | 数量/个 | 温度/℃ | | | 流量/(m³/d) | | |
|---|---|---|---|---|---|---|---|---|
| | | | 最高 | 最低 | 平均 | 最高 | 最低 | 平均 |
| 金沙江地热带 | 温泉 | 34 | 89 | 25 | 49.3 | 3542.4 | 1.7 | 220.9 |

地下热水出露主要受断层、裂隙和地貌控制，沿金沙江断裂及其次生断裂构造的河谷地带呈线状或串珠状分布。总体上沿金沙江断裂带分布较集中，其中巴塘县至乡城县一带最为密集，尤以巴塘茶洛乡热坑—热水塘一带地热特征最为显著。地表水热显示类型丰富，有沸泉、沸喷泉、间歇喷泉、冒汽孔、放热地面、硫华、硅华等，调查的带内温泉最高温度高达 89℃（乡城县沙贡乡章吉村温泉和巴塘县茶洛乡巴曲河左岸热坑温泉），深部热储温度为 207.8~226.0℃，属高温水热系统。

## 4.2.5 川西北高原地热区

川西北高原地热区主要指阿坝州地区，区内仅出露 9 处地热点，其中天然温泉 8 处、人工钻井 1 处，地热点分布较为分散（图 4-24）。

各温泉及地热井分布、流体特征见表 4-25 和图 4-25。地热资源量可达 $1.62 \times 10^{15} kJ$，地热流体可开采热量达 $1.46 \times 10^{11} kJ/a$。

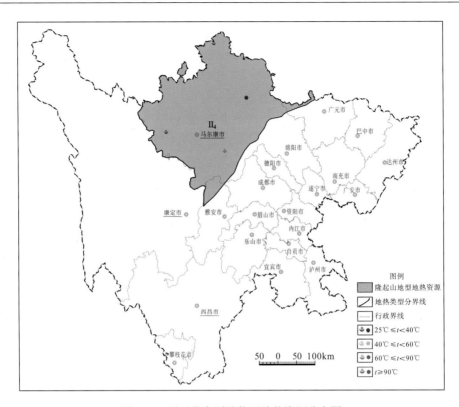

图 4-24   川西北高原地热区地热资源分布图

表 4-25   川西北高原地热区地热特征表

| 地热带 | 类型 | 数量/个 | 温度/℃ | | | 流量/(m³/d) | | |
|---|---|---|---|---|---|---|---|---|
| | | | 最高 | 最低 | 平均 | 最高 | 最低 | 平均 |
| 川西北高原地热区 | 温泉 | 8 | 62 | 31 | 44.3 | 902.9 | 52.7 | 332.6 |
| | 地热井 | 1 | 37 | 37 | 37 | 400 | 400 | 400 |

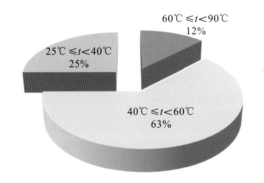

图 4-25   川西北高原地热区天然出露温泉温度统计图

    区内天然出露温泉以中温为主,其中,中高温地热点(60℃≤t<90℃)1 处,占 12%;中温地热点(40℃≤t<60℃)5 处,占 63%;低温地热点(25℃≤t<40℃)2 处,占 25%。

　　川西北高原地热区内地热资源天然出露点少,开发利用和前人研究程度低。因此,本节不再对该区进行详细论述。

# 4.3　干热岩地热资源分布特征

　　地球深部的放射性同位素衰变产生的热量是地球热量的主要热源,放射性热的分配在构成地壳温度场特征方面起决定性作用,一般时代较新的花岗岩体放射性生热率较高。根据地球化学研究,一般通过测试 $^{232}Th$、$^{235}U$、$^{238}U$ 及 $^{40}K$ 的含量,计算放射性生热率,以评价花岗岩体的热源条件。

　　目前四川省干热岩型地热资源利用处于起步阶段,资源调查评价工作正有序开展。根据四川省地热地质条件,结合目前地热资源开发的经济性,认为四川省内可能的干热岩地热资源主要分布于具有新生代大型花岗岩基的地区。川西高原花岗岩体地表出露规模大且地下隐伏部分多具有连续性,其形成时代较新,多为燕山晚期至印支期岩浆活动所形成,局部为喜马拉雅期岩浆岩,具有丰度相对高的放射性生热元素(U、Th 和 K),可获得较高的放射性生热率[已有岩样测试结果显示川西高原放射性生热率为 $4.85\sim8.23\mu W\cdot m^{-3}$(是中国大陆地壳平均生热率的 $3.7\sim6.3$ 倍)],易形成高产热岩体,能够提供较好的热源。

# 第5章 地热资源量

## 5.1 地热资源量评价方法

### 5.1.1 隆起山地型地热资源评价方法

根据《全国地热资源调查评价与区划技术要求(试行)》，以热储法计算四川省隆起山地型地热资源量，以泉(井)流量法计算地热流体可开采量及可开采热量。

#### 5.1.1.1 地热资源量计算公式

采用热储法计算地热资源量。四川省隆起山地型地热资源研究程度较低，热储范围界限模糊，以地热露头 1km³ 范围作为储量计算范围。

$$Q_{隆} = C_r \rho_r (1-\varphi) V (T_1 - T_0) + C_w \rho_w q_w (T_1 - T_0) \tag{5-1}$$

式中，$Q_{隆}$——热储量，kJ；

$C_r$，$C_w$——分别为热储岩石比热和热储水的比热，kJ/(kg·℃)；

$\rho_r$，$\rho_w$——分别为热储岩石密度和热储水的密度，kg/m³；

$\varphi$——热储岩石孔隙率(或裂隙率)，%；

$q_w$——流体储量，包括静储量和弹性储量，m³；

$T_1$——热储温度，℃；

$T_0$——恒温层温度，℃；

$V$——热储体积，m³。

#### 5.1.1.2 地热流体可开采量计算方法

使用泉(井)流量法计算四川省隆起山地型地热流体可开采量。

(1)对于断裂带开放型热储的地热田，地热水主要以温泉或自流井的形式排泄，将温泉和自流井的总流量作为地热田的地热流体可开采量。

(2)对于泉(井)不自流，有地热井抽水试验资料的地热田，根据抽水试验资料，将20m水位降深的单井出水量之和作为地热田的可开采量。

#### 5.1.1.3 地热流体可开采热量计算公式

$$Q_P = Q_{wk} C \rho (T_1 - T_0) \tag{5-2}$$

式中，$Q_P$——地热流体可开采热量，kJ；

$Q_{wk}$——地热流体可开采量，m³/d；

$C$——温泉或(地热井)水的比热，kJ/(kg·℃)；

$\rho$ ——温泉或(地热井)水的密度，$kg/m^3$；

$T_1$ ——热储温度，℃；

$T_0$ ——恒温层温度，℃。

## 5.1.2　沉积盆地型地热资源评价方法

根据《全国地热资源调查评价与区划技术要求(试行)》，以热储法计算四川省沉积盆地型地热资源量，以回收率法计算地热资源可开采量；在有地热井控制的计算区域，以最大允许降深法计算地热流体可开采量及流体可开采热量，在没有地热井控制的计算区域，以开采系数法计算地热流体可开采量及流体可开采热量；每个计算分区均计算考虑回灌条件下地热流体可开采量。

### 5.1.2.1　地热资源量计算

采用热储法计算，表达式为

$$Q_{盆} = C_r\rho_r(1-\varphi)V(T_1-T_0) + C_w\rho_w q_w(T_1-T_0) \tag{5-3}$$

式中，$Q_{盆}$ ——地热资源量，kJ；

$C_r$，$C_w$ ——分别为热储岩石比热和热储水的比热，$kJ/(kg\cdot℃)$；

$\rho_r$，$\rho_w$ ——分别为热储岩石密度和热储水的密度，$kg/m^3$；

$\varphi$ ——热储岩石孔隙率(或裂隙率)；

$q_w$ ——流体储量，包括静储量和弹性储量，$m^3$；

$T_1$ ——热储温度，℃；

$T_0$ ——恒温层温度，℃；

$V$ ——热储体积，$m^3$。

### 5.1.2.2　地热资源可开采量计算

地热资源可开采量即为可利用地热资源量，利用地热资源量采用回收率法进行计算，计算公式如下：

$$Q_{wh} = R_E \cdot Q \tag{5-4}$$

式中，$Q_{wh}$ ——地热资源可开采量，kJ；

$R_E$ ——回收率；

$Q$ ——地热资源量，kJ。

用热储法计算出的地热资源量不可能全部被开采出来，只能开采出一部分，二者的比值称为回收率。回收率根据工作区的实际情况，参考《地热资源评价方法》(DZ 40—1985)关于回收率的有关规定确定。四川盆地内热储层岩性均为碳酸盐岩，回收率 $R_E$ 定为 0.15。

### 5.1.2.3　地热流体储存量计算

地热流体储存量包括容积储存量与弹性储存量两部分。计算公式如下：

$$Q_{储} = \varphi V + S(h-H)A \tag{5-5}$$

式中，$Q_{储}$——地热流体储存量，$m^3$；

　　　　$\varphi$——热储岩石孔隙率(或裂隙率)；

　　　　$V$——热储体积，$m^3$；

　　　　$S$——弹性释放系数；

　　　　$h$——平均承压水头标高，m；

　　　　$H$——平均热储顶面标高，m；

　　　　$A$——评价热储面积，$m^2$。

### 5.1.2.4　地热流体可开采量计算

地热流体可开采量利用最大允许降深法和开采系数法两种方法计算，前者适用于有地热钻井控制、热储层参数了解较为详细的区域；后者适用于无地热钻井控制，热储层研究程度较低的地热远景区。

#### 1. 最大允许降深法

可采地热流体量采用最大允许降深法，设定一定开采期限内(一般为 100 年)，计算区中心水位降深与单井开采附加水位降深之和不大于 100m 时，求得的最大开采量，为计算区地热流体的可开采量。表达式为

$$Q_{wk} = \frac{4\pi T S_1}{\ln(6.11t)} = \frac{4\pi T S_1}{\ln\left(\dfrac{6.11Tt}{\mu^* R_1{}^2}\right)} \tag{5-6}$$

$$Q_{wd} = \frac{2\pi T S_2}{\ln\left(\dfrac{0.473R_2}{r}\right)} \tag{5-7}$$

式中，$Q_{wk}$——地热流体可开采量，$m^3/a$；

　　　　$Q_{wd}$——单井地热流体可开采量，$m^3/a$；

　　　　$S_1$——计算区中心水位降深，m；

　　　　$S_2$——单井附加水位降深，m；

　　　　$R_1$——开采区半径，m；

　　　　$R_2$——单井控制半径，m；

　　　　$\mu^*$——热储含水层弹性释放系数；

　　　　$t$——开采时间，a；

　　　　$T$——导水系数，$m^2/a$；

　　　　$r$——抽水井半径，m。

#### 2. 开采系数法

地热远景区采用开采系数法，开采系数取决于热储岩性、孔隙裂隙发育情况以及补给情况，有补给情况下取大值，无补给情况下取小值。

$$Q_{wh} = Q_储 \cdot X \tag{5-8}$$

式中，$Q_储$——地热流体存储量，$m^3$；

$X$——可采量系数，四川盆地岩溶型层状热储层 $X$ 取值 5%（100 年），即 0.0005（每年）；

$Q_{wh}$——地热资源可开采量，kJ。

### 5.1.2.5　地热流体可开采热量计算

地热流体可开采热量可用下式计算：

$$Q_p = Q_{wk} C_w \rho_w (T_1 - T_0) \tag{5-9}$$

式中，$Q_p$——地热流体可开采热量，kJ/a；

$C_w$——热储水的比热，kJ/(kg·℃)；

$\rho_w$——热储水的密度，$kg/m^3$；

$T_1$——热储温度，℃；

$T_0$——恒温层温度，℃；

$Q_{wk}$——地热流体可采量，$m^3$/a。

### 5.1.2.6　考虑回灌条件下地热流体可开采量计算

对于盆地型地热田，按回灌条件下开采 100 年，消耗 15%的地热储量，根据热量平衡计算影响半径和允许开采量公式如下：

$$R = \sqrt{1 - \alpha\beta} \times \sqrt{\frac{Q_储 tf}{0.15 H \pi}} \tag{5-10}$$

$$f = \frac{\rho_w C_w}{\rho_e C_e} \tag{5-11}$$

$$\rho_e C_e = \phi \rho_w C_w + (1 - \varphi) \rho_r C_r \tag{5-12}$$

$$\alpha = \frac{Q_{回灌}}{Q_抽} \tag{5-13}$$

$$\beta = \frac{T_2 - T_0}{T_1 - T_0} \tag{5-14}$$

$$Q_允 = \frac{A Q_抽}{\pi R^2} = \frac{0.15 A H}{(1 - \alpha\beta) tf} \tag{5-15}$$

式中，$R$——回灌条件下的影响半径，m；

$\rho_w$，$\rho_r$——热储水和热储岩石的密度，$kg/m^3$；

$C_w$，$C_r$——热储水和热储岩石的比热，kJ/(kg·℃)；

$\varphi$——热储岩石孔隙率（或裂隙率）；

$t$——时间，取 100 年，即 36500d（不考虑润年）；

$Q_抽$——20m 水位降深时，单井涌水量，$m^3$/d；

$Q_{回灌}$——回灌量，$m^3/d$；

$T_1$——热储温度，℃；

$T_2$——回灌温度，取25℃；

$T_0$——恒温层温度，℃；

$\alpha$——回灌率，岩溶型层状热储层取90%；

$Q_允$——回灌条件下允许开采量，$m^3/d$；

$A$——评价面积，$m^2$；

$H$——热储层厚度，m。

### 5.1.3 高温地热资源发电潜力评价

(1)计算热储热能，即计算地热资源量，可以利用体积法计算热储的热能 $W_r$：

$$W_r = V\rho\,(T-T_0) \tag{5-16}$$

式中，$W_r$——热储热能，J；

$V$——热储体积，$cm^3$；

$\rho$——岩石和水的体积比热；一般取 $2.7J/(cm^3\cdot℃)$；

$T$——热储温度，℃；

$T_0$——当地年平均温度，℃。

(2)计算井口热能 $Q_{wh}$，即能够从钻孔中提取的那一部分热能，由热储热能 $W_r$ 乘以采收率 $R_g$ 即可，一般取0.25，因此，井口热能 $Q_{wh} = W_r \times R_g$。

(3)计算有用功 $W_a$，要让地热流体发电，首先要将热能转化成动能，然后将动能再转化为电能，按照热力学第一定律，即能量守恒定律，有用功可用下式求得：

$$W_a = (H - H_0) - T_0(S - S_0) \tag{5-17}$$

式中，$W_a$——有用功，J；

$H$、$H_0$——分别代表排放流体在井口和尾水排放时的焓值，$H-H_0$ 表示总热能；

$S$、$S_0$——分别代表排放流体在井口和尾水排放时的熵值，$T_0(S-S_0)$ 表示在可逆过程中未能转化成功的热能。

但是在实际操作中并不需要如此复杂，只要知道热储的温度，就可以查到有用功 $W_a$ 与热储热能 $W_r$ 的比值($W_a/W_r$)，将此比值与热储热能相乘即得有用功 $W_a$。

(4)计算发电潜力，计算公式如下：

$$E = W_a \times B \tag{5-18}$$

式中，$E$——发电潜力，J；

$B$——动能转化成电能的工作效率。

对于不同温度的工作流体和不同类型的循环系统，工作效率变化很大。对于单次闪蒸系统，一般 $B$ 取0.1～0.3，双循环系统取0.3～0.4，二次闪蒸取0.4，全流系统取0.5，蒸汽系统取0.6。

30 年发电功率换算：

$$P = E /946080000/10^6 \qquad (5\text{-}19)$$

式中，$P$——30 年发电功率，MW；946080000 为 30 年的总秒数，即 30×365×24×3600s（不考虑润年）。

# 5.2　隆起山地型地热资源量

## 5.2.1　参数选取

### 5.2.1.1　热储体积

四川省隆起山地型地热地质条件研究程度普遍较低，热储界限模糊，难以圈定，本次评价以地热异常点 1km² 范围作为热储体积，露头集中的地区，则将 1km² 范围内所有异常点作为一个井、泉群处理。

### 5.2.1.2　热储温度

利用地球化学温标法计算热储温度。参照《地热资源地质勘查规范》（GB/T 11615－2010）附录 A 中"二氧化硅地热温标""钾镁地热温标"和"钾钠地热温标"分别进行计算。根据各温标法适用条件，川西高原高-中温地热区热储温度值取三者平均值；川西南中-低温地热区和盆周山地中-低温地热区热储温度取前两种方法平均值。

1. 二氧化硅地热温标

1）无蒸汽损失的石英温标

该方法适用于热水中的二氧化硅是由热水溶解石英所形成，这部分热水在其达到取样点时没有沸腾，其计算公式如下：

$$T = \frac{1309}{5.19 - \lg C} - 273.15 \qquad (5\text{-}20)$$

式中，$T$——热储温度，℃；

$C$——$SiO_2$ 浓度，mg/L。

2）最大蒸汽损失的石英温标

如溶解石英的这部分热水达到取样点时已发生了沸腾闪蒸，如川西高原巴塘、理塘的天然沸泉，可用以下公式计算：

$$T = \frac{1522}{5.75 - \lg C} - 273.15 \qquad (5\text{-}21)$$

式中，$T$——热储温度，℃；

$C$——$SiO_2$ 浓度，mg/L。

2. 钾镁地热温标

热储温度可用以下公式计算：

$$t = \frac{4410}{13.95 - \lg(C_1^2 / C_2)} - 273.15 \qquad (5\text{-}22)$$

式中，$C_1$——水中钾的浓度，mg/L；

$C_2$——水中镁的浓度，mg/L；

3. 钾钠地热温标

在具备钠长石与钾长石平衡的条件下，可应用以下公式。
当温度 $t > 150℃$ 时，采用公式：

$$t = \frac{1217}{\lg\left(C_2 / C_1\right) + 1.48} - 273.15 \qquad (5\text{-}23)$$

或

$$t = \frac{885.6}{\lg\left(C_2 / C_1\right) + 0.8573} - 273.15 \qquad (5\text{-}24)$$

当温度 $25℃ < t < 250℃$ 时，采用公式：

$$t = \frac{933}{\lg\left(C_2 / C_1\right) + 0.933} - 273.15 \qquad (5\text{-}25)$$

当温度 $250℃ < t < 350℃$ 时，采用公式：

$$t = \frac{1319}{\lg\left(C_2 / C_1\right) + 1.699} - 273.15 \qquad (5\text{-}26)$$

式中，$C_1$——水中钾的浓度，mg/L；

$C_2$——水中钠的浓度，mg/L；

隆起山地型地热资源区内共采集了 172 组流体样进行测试，其余地热点热储温度依据相邻地热点热储温度取值。

### 5.2.1.3 热储性质及地热流体性质参数

1. 热储岩石和水的比热、密度

依据《地热资源评价方法》（DZ 40—1985）、《地热资源地质勘查规范》（GB/T 11615—2010）查表确定，其中水的密度由调查点热储温度查表确定。

2. 热储岩体孔隙度

有钻孔资料采用实测资料，无钻孔资料采用区域经验值，川内多采用区域经验值。本次参数取值见表 5-1。

表 5-1 隆起山地型地热资源计算简表

| 地热资源类型分区 | | 热储温度/℃ | 地方平均气温/℃ | 热储体积V/km³ | 热储岩石比热$C_r$/[kJ/(kg·℃)] | 热储岩石密度$\rho_r$/(kg/m³) | 水比热$C_w$/[kJ/(kg·℃)] | 水密度$\rho_w$/(kg/m³) | 裂隙率$\varphi$/% |
|---|---|---|---|---|---|---|---|---|---|
| 川西高原高-中温地热区（$I_1$） | 鲜水河地热带① | 62.6~171.5 | 6.4~17 | 1~6 | 0.78~1.02 | 2400、2700 | 4.18 | 916.3~980.3 | 7~11 |
| | 甘孜-理塘地热带② | 76.3~170.4 | 5.6~16.1 | 1~6 | 0.78~1.02 | 2400、2700 | 4.18 | 938.7~977.1 | 7~11 |
| | 德格-乡城地热带③ | 77~170.5 | 5.9~10.7 | 1~6 | 0.78~1.02 | 2400、2700 | 4.18 | 925.4~971.2 | 7~11 |
| | 金沙江地热带④ | 129.4~174 | 7.7~12.7 | 1~6 | 0.78~1.02 | 2400、2700 | 4.18 | 897.6~975.2 | 7~11 |
| 川西南中-低温地热区（$I_2$） | 安宁河地热带⑤ | 45~99.1 | 12.1~19.7 | 1 | 0.93 | 2700 | 4.18 | 944.3~990.1 | 7~11 |
| | 汉源-甘洛地热带⑥ | 42~104.7 | 10.9~19 | 1 | 0.93 | 2700 | 4.18 | 936.4~989.7 | 7~11 |
| | 峨边-金阳地热带⑦ | 66.6~71.9 | 12.2~16.5 | 1 | 0.93 | 2700 | 4.18 | 971.6~978.3 | 7~11 |
| 盆周山地中-低温地热区（$I_3$） | 峨眉山地热区$I_{3-1}$ | 47.1~82.3 | 15~17.2 | 1 | 0.93 | 2700 | 4.18 | 953.7~991.3 | 7~11 |
| | 龙门山地热区块$I_{3-2}$ | 54.2~117 | 11.2~16.1 | 1 | 0.93 | 2700 | 4.18 | 969.8~985.7 | 7~11 |
| | 广元巴中达州地热区$I_{3-3}$ | 60.3~105.2 | 14.7~16.2 | 1 | 0.93 | 2700 | 4.18 | 974.2~984.3 | 7~11 |
| | 叙永筠连地热区$I_{3-4}$ | 52.8~85.3 | 17~18.2 | 1 | 0.93 | 2700 | 4.18 | 974.3~984.6 | 7~11 |
| 待查区（III） | | 54.1~121.7 | 1.4~10 | 1 | 0.78~1.02 | 2400、2700 | 4.18 | 930.3~985.2 | 7~11 |

## 5.2.2 隆起山地型地热资源量

经计算，隆起山地型地热资源（25~150℃）量见表 5-2 和表 5-3。

表 5-2 隆起山地型地热资源量统计表

| 地热资源类型分区 | | 热储类型 | 地热资源量/kJ | 地热流体可开采量/(m³/a) | 地热流体可开采热量/(kJ/a) |
|---|---|---|---|---|---|
| 川西高原高-中温地热区（$I_1$） | 鲜水河地热带① | 裂隙带状 | $7.73\times10^{15}$ | $7.31\times10^6$ | $1.11\times10^{12}$ |
| | 甘孜-理塘地热带② | 裂隙带状 | $1.09\times10^{16}$ | $1.03\times10^7$ | $1.99\times10^{12}$ |
| | 德格-乡城地热带③ | 裂隙带状 | $6.44\times10^{15}$ | $1.84\times10^6$ | $3.64\times10^{11}$ |
| | 金沙江地热带④ | 裂隙带状 | $9.20\times10^{14}$ | $4.98\times10^5$ | $9.59\times10^{10}$ |
| 川西南中-低温地热区（$I_2$） | 安宁河地热带⑤ | 带状兼层状 | $3.45\times10^{15}$ | $3.37\times10^6$ | $2.81\times10^{11}$ |
| | 汉源-甘洛地热带⑥ | 带状兼层状 | $2.12\times10^{15}$ | $1.32\times10^6$ | $1.14\times10^{11}$ |
| | 峨边-金阳地热带⑦ | 带状兼层状 | $5.80\times10^{14}$ | $1.62\times10^6$ | $2.04\times10^{11}$ |
| 盆周山地中-低温地热区（$I_3$） | 峨眉山地热区$I_{3-1}$ | 带状兼层状 | $1.86\times10^{15}$ | $2.59\times10^6$ | $3.46\times10^{11}$ |
| | 龙门山地热区块$I_{3-2}$ | 带状兼层状 | $1.17\times10^{15}$ | $1.13\times10^6$ | $1.34\times10^{11}$ |
| | 广元巴中达州地热区$I_{3-3}$ | 带状兼层状 | $8.00\times10^{14}$ | $1.79\times10^6$ | $2.19\times10^{11}$ |
| | 叙永筠连地热区$I_{3-4}$ | 岩溶层状 | $1.18\times10^{15}$ | $4.54\times10^6$ | $3.67\times10^{11}$ |
| 未查明 | | | $1.62\times10^{15}$ | $9.03\times10^5$ | $1.46\times10^{11}$ |
| 合计 | | | $3.88\times10^{16}$ | $3.72\times10^7$ | $5.37\times10^{12}$ |

**表 5-3　隆起山地型地热资源量温度分级统计表**

| 热储温度分级 | 地热点数量/个 | 地热资源量/kJ | 地热流体可开采量/(m³/a) | 地热流体可开采热量/(kJ/a) |
|---|---|---|---|---|
| 40～60℃ | 21 | $2.17×10^{15}$ | $4.47×10^{6}$ | $3.32×10^{11}$ |
| 60～90℃ | 71 | $1.10×10^{16}$ | $1.58×10^{7}$ | $1.88×10^{12}$ |
| 90～150℃ | 107 | $2.56×10^{16}$ | $1.69×10^{7}$ | $3.17×10^{12}$ |
| 合计 | 199 | $3.88×10^{16}$ | $3.72×10^{7}$ | $5.38×10^{12}$ |

可见，四川省隆起山地型地热资源地区现有的 199 个中、低温地热露头(不含 5 处现已消失的调查点)地热资源总量为 $3.88×10^{16}$kJ，地热流体可开采量为 $3.72×10^{7}$m³/a，流体可开采热量为 $5.38×10^{12}$kJ/a。

# 5.3　沉积盆地型地热资源量

四川盆地埋深在 4000m 以上的热储层主要有两层，分别为中三叠统雷口坡组($T_2l$)与下三叠统嘉陵江组($T_1j$)碳酸盐岩地层构成的上部热储层和二叠系茅口组($P_1m$)碳酸盐岩地层构成的下部热储层，本次分别对三叠系热储层和二叠系热储层进行评价。

## 5.3.1　地热资源评价范围及计算单元划分

### 5.3.1.1　地热资源评价范围

根据《全国地热资源调查评价与区划技术要求(试行)》，沉积盆地型地热资源评价范围受以下三个条件制约：

(1)热储埋深在 4000m 以内，热储层温度在 25℃以上；

(2)单井出水量大于 20m³/h；

(3)盖层平均地温梯度大于 2.5℃/100m。

在有地热井控制的情况下，评价区域需满足前两个条件；在没有地热井控制的情况下，评价区域需满足第一个和第三个条件。

根据地热资源评价范围确定原则，其范围及分区由热储埋深及热储温度综合确定。由于三叠系雷口坡组地层与嘉陵江组地层整合接触，将两者合并计算。

再查阅各类文献，参考已有地热井钻探资料，综合确定本次地热资源评价范围，见图 5-1 和图 5-2。

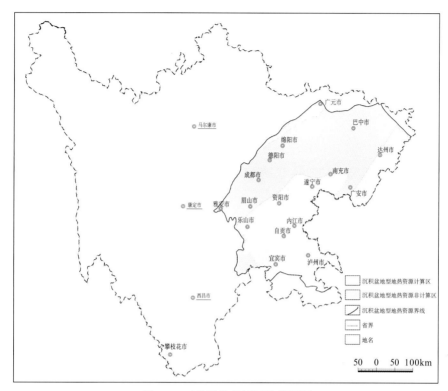

图 5-1　三叠系热储层评价范围图

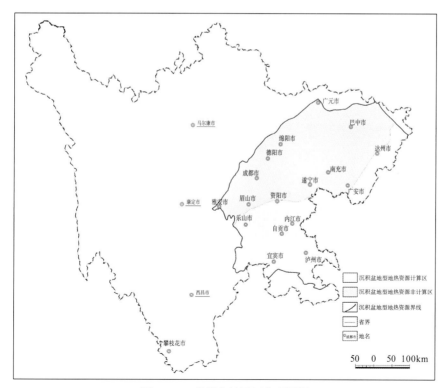

图 5-2　二叠系热储层评价范围图

　　三叠系雷口坡组和嘉陵江组热储层符合评价原则的范围有三块,分别为龙门山前山单元(A)、盆地南部单元(B、D)和川东平行岭谷单元(F)。

　　二叠系茅口组热储层符合评价原则的范围有两块,分别为盆地南部单元(C、E)和川东平行岭谷单元(G)。

### 5.3.1.2　计算单元划分

　　依据不同地区的热储中部温度及热储层厚度,将地热资源评价范围进一步细分为不同的计算单元。

　　1. 三叠系热储层计算单元划分

　　龙门山前山地区是一南西—北东向的条带状区域,其控制因素主要为热储层埋深。三叠系雷口坡组顶板埋深在龙门山前山地区由北西自南东由浅变深的变化幅度极大,山区部分地区碳酸盐岩地层可能还出露地表,稍往南东方向同一地层则可能深埋地下千米以上,受此影响,龙门山前山地区热储层温度由北西向南东由低到高变化幅度也较为剧烈。如图5-3所示,热储温度区间由北西自南东呈递增的趋势,属于有地热井控制的评价区域。

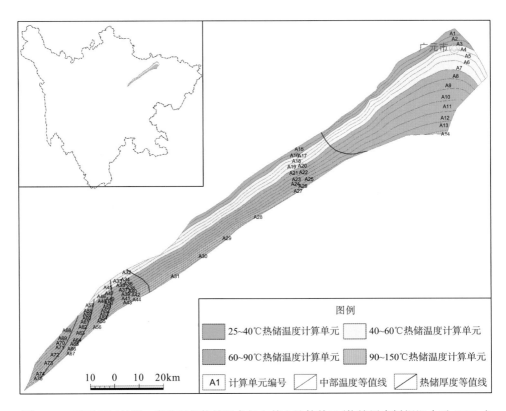

图5-3　三叠系雷口坡组、嘉陵江组热储层龙门山前山计算单元(热储层底板埋深小于4000m)

　　评价区域北部以地貌界线及热储温度达到 25℃的热储为界线；南部以热储层顶板埋深 4000m 的等值线为界线，南、北界线交会于绵竹市南西侧；东部界线则是热储类型分界线。

　　龙门山前山地区将三叠系雷口坡组、嘉陵江组热储层划分为 A1～A76 共 76 个计算单元，各计算单元热储岩性相同，各单元岩体密度、比热容等参数相同，而各单元的分区面积、热储厚度、岩体裂隙率、热储温度等参数则不尽相同。

　　如图 5-4 所示，B1～B85 共 85 个计算单元组成的评价区属无地热井控制但地温梯度满足评价要求的区域，评价区主要由地温梯度数值为 2.5℃/100m 的等值线圈定，如北部边界及东部与泸州评价区接触的边界；西部边界为三叠系雷口坡组出露地表的地质界线；南部边界为盆地与川南褶皱带山地的构造单元界线；东部边界由地温梯度等值线及省界共同构成。

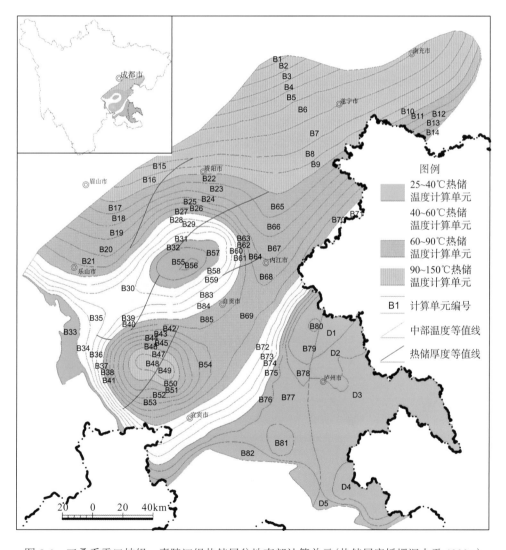

图 5-4　三叠系雷口坡组、嘉陵江组热储层盆地南部计算单元(热储层底板埋深小于 4000m)

D1～D5 共 5 个计算单元构成的评价区属有地热井控制的区域，单井出水量满足评价要求，东部边界及北部边界为四川省省界；西部边界为地温梯度等于 2.5℃/100m 的等值线；南部边界为盆地与川南褶皱带山地的构造单元界线。

川东平行岭谷地热区属于有地热井控制的区域，评价区呈近南北向的条带区域。评价计算区西部以华蓥山为界，东部、南部皆为四川省省界，北部为热储中部达 25℃ 的界线。根据热储中部温度及热储层厚度，将评价区分为 F1～F20 共计 20 个计算单元，如图 5-5 所示。

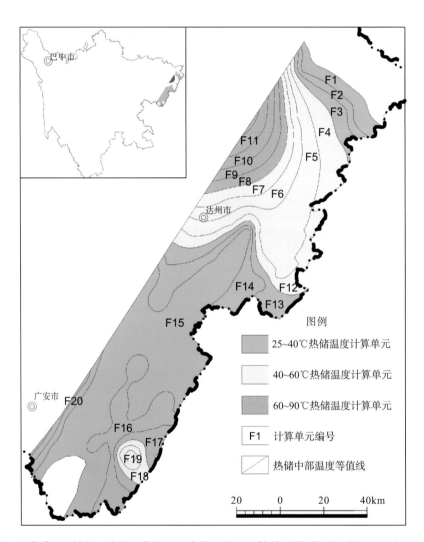

图 5-5 三叠系雷口坡组、嘉陵江热储层川东岭谷地区计算单元图(热储层底板埋深小于 4000m)

### 2. 二叠系热储层计算单元划分

二叠系热储层评价区仅存在于川中丘陵、低山地热区及川东平行岭谷地热区，其计算单元如图 5-6、图 5-7 所示。

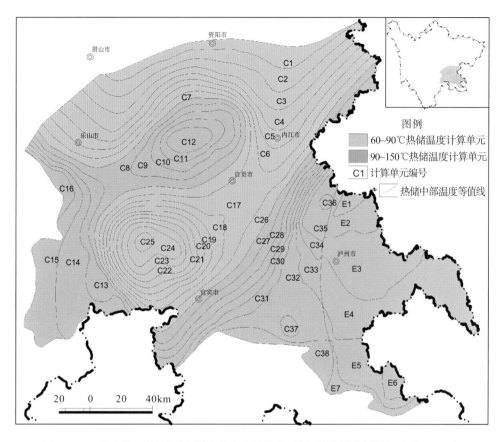

图 5-6 二叠系茅口组热储层威远-龙女寺计算单元图(热储层底板埋深小于 4000m)

如图 5-6 所示,由 C1~C38 共 38 个计算单元构成的评价区为无地热井控制的区域,区域内地温梯度皆大于 2.5℃/100m,评价区北部边界为茅口组顶板埋深 4000m的等值线,往南热储埋深逐渐变浅;西部边界为二叠系茅口组出露地表的地质界线,该界线同样也是山地层状热储与层状兼带状热储的热储类型分界线;南部界线由省界与地质构造单元界线共同组成;东部界线由省界及 2.5℃/100m 的地温梯度等值线共同构成。

由 E1~E7 共 7 个计算单元构成的评价区为有地热井控制的区域,评价区边界与三叠系热储层 D1~D5 评价区边界相同。

川东岭谷地区二叠系茅口组评价区域形态与该地区三叠系热储形态相似,如图 5-7 所示,共分为 G1~G27 共 27 个计算单元,其中 G11 西北侧地区热储层顶板埋深大于 4000m,不满足评价要求。

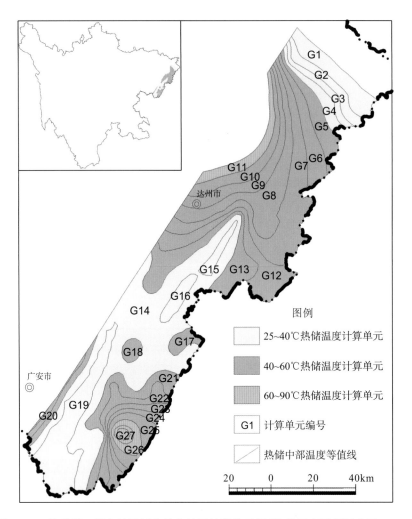

图 5-7  二叠系茅口组热储层川东岭谷地区计算单元图(热储层底板埋深小于 4000m)

### 5.3.2  参数取值

#### 5.3.2.1  热储体积

热储面积由各圈闭的计算单元平面面积确定,厚度为热储层有效厚度,即埋深小于 4000m,且热储温度达到 25℃的热储层厚度,热储面积与热储厚度的乘积即为热储体积。

#### 5.3.2.2  热储温度

由地温梯度、热储顶板埋深及热储层有效厚度确定的热储层中部温度即为资源量计算所用的热储温度。

### 5.3.2.3　热储性质及地热流体性质参数

1. 热储岩石和水的比热、密度

依据《地热资源评价方法》(DZ 40—1985)、《地热资源地质勘查规范》(GB/T 11615—2010)查表确定，其中水的密度由受调查点热储温度查表确定。

2. 热储岩体孔隙度

有钻孔资料采用实测资料，无钻孔资料采用区域经验值。

3. 水文地质参数

根据已有抽水试验参数确定，无抽水试验资料的区域参照中国地质调查局主编的《水文地质手册(第二版)》及相关报告选取区域经验值。

四川省沉积盆地型地热资源各计算单元参数选取见表 5-4。

## 5.3.3　三叠系热储层地热资源量

对沉积盆地型地热资源三叠系热储层($T_2l$、$T_1j$)计算结果进行统计，见表 5-5。

经计算，该层热储地热流体储存量为 $5.14 \times 10^{12} m^3$，地热资源量为 $6.49 \times 10^{18} kJ$，地热资源可开采量为 $9.74 \times 10^{17} kJ$，开采系数法计算地热流体可开采量为 $2.57 \times 10^9 m^3/a$，对应可开采热量为 $4.77 \times 10^{14} kJ/a$，考虑回灌条件下地热流体可开采量为 $6.47 \times 10^{10} m^3/a$，对应可开采热量为 $1.10 \times 10^{16} kJ/a$。

## 5.3.4　二叠系热储层地热资源量

对沉积盆地型地热资源二叠系热储层($P_1m$)计算结果进行统计，见表 5-6。

经计算，该层热储地热流体储存量为 $1.72 \times 10^{12} m^3$，地热资源量为 $3.13 \times 10^{18} kJ$，地热资源可开采量为 $4.69 \times 10^{17} kJ$，开采系数法计算地热流体可开采量为 $8.60 \times 10^8 m^3/a$，对应可开采热量为 $2.16 \times 10^{14} kJ/a$，考虑回灌条件下地热流体可开采量为 $1.92 \times 10^{10} m^3/a$，对应可开采热量为 $4.95 \times 10^{15} kJ/a$。

因此，四川省内沉积盆地型地热资源地热流体总储量为 $6.86 \times 10^{12} m^3$，地热资源总量为 $9.62 \times 10^{18} kJ$，地热资源可开采总量为 $1.44 \times 10^{18} kJ$，开采系数法计算地热流体可开采总量为 $3.43 \times 10^9 m^3/a$，对应可开采总热量为 $6.93 \times 10^{14} kJ/a$，考虑回灌条件下地热流体可开采总量为 $8.39 \times 10^{10} m^3/a$，对应可开采总热量为 $1.59 \times 10^{16} kJ/a$。

# 5.4　高温地热资源发电潜力评价

根据高温地热资源发电潜力评价方法，对四川省隆起山地型高温地热资源发电潜力进行计算，无法圈定地热田的高温地热区按面积为 $1.5 km^2$、深 4km，即体积 $6 km^3$ 计算，如表 5-7 所示。四川省高温地热资源均集中在甘孜州地区，其 30 年发电潜力为 2685.16MW。

表 5-4　沉积盆地型地热资源计算参数简表

| 热储层 | 分区单元 | 分区面积 $A$/km² | 热储层有效厚度 $H$/m | 热储岩石比热 $C$/[kJ/(kg·℃)] | 热储岩石密度 $\rho$/(kg/m³) | 热储水比热 $C_w$/[kJ/(kg·℃)] | 热储水密度 $\rho_w$/(kg/m³) | 热储岩石孔隙率(或裂隙率) $\varphi$/% | 热储温度 $T_1$/℃ | 恒温层温度 $T_0$/℃ | 热储体积 $V$/m³ | 弹性释放系数 $S$ | 承压水头至热储高 $h-H$/m | 可采量系数 $X$/% | 回收率 | 热储层顶板平均埋深 /m |
|---|---|---|---|---|---|---|---|---|---|---|---|---|---|---|---|---|
| 三叠系热储层 | A | 4.58~172.01 | 150~1400 | 0.93 | 2700 | 4.18 | 948.4~996.1 | 8~10 | 27.5~112.5 | 15.4~15.9 | $1.07\times10^9$~$2.01\times10^{11}$ | 0.0001 | 255~3927 | 5 | 0.15 | 250~3850 |
| | B | 47.72~2338.94 | 200~1250 | 0.93 | 2700 | 4.18 | 932.4~996.1 | 7~12 | 27.5~132.5 | 17.5~18.2 | $1.17\times10^9$~$2.92\times10^{12}$ | 0.0001 | 102~3876 | 5 | 0.15 | 100~3800 |
| | D | 245.88~4079.66 | 400~550 | 0.93 | 2700 | 4.18 | 994.7~997.1 | 11~12 | 25~32.5 | 18.2 | $1.35\times10^{11}$~$1.84\times10^{12}$ | 0.0001 | 510 | 5 | 0.15 | 500 |
| | F | 81.84~3208.58 | 720~1100 | 0.93 | 2700 | 4.18 | 972.4~996.1 | 9~12 | 27.5~77.5 | 16.6~17.1 | $9.00\times10^{10}$~$3.21\times10^{12}$ | 0.0001 | 306~2652 | 5 | 0.15 | 300~2600 |
| 二叠系热储层 | C | 62.89~3140.98 | 250~400 | 0.93 | 2700 | 4.18 | 929.4~990.5 | 7~11 | 44~136 | 17.7~18.1 | $2.52\times10^{10}$~$1.26\times10^{12}$ | 0.0001 | 1122~3825 | 5 | 0.15 | 1100~3750 |
| | E | 163.3~2311.3 | 400 | 0.93 | 2700 | 4.18 | 982.3~991.2 | 11 | 42.5~62.5 | 18.2 | $6.53\times10^{10}$~$9.25\times10^{11}$ | 0.0001 | 1530 | 5 | 0.15 | 1500 |
| | G | 58.62~2382.34 | 200~360 | 0.93 | 2700 | 4.18 | 954.5~991.2 | 7~10 | 42.5~105 | 17.1 | $2.11\times10^{10}$~$7.62\times10^{11}$ | 0.0001 | 1632~3876 | 5 | 0.15 | 1600~3800 |

表 5-5　沉积盆地型地热资源三叠系热储层地热资源统计表

| 地热资源分区 | 温度分区/℃ | 地热流体储存量 $Q_{tw}$/m³ | 地热资源量 $Q$/kJ | 地热资源可开采量 $Q_{wh}$/kJ | 开采系数法计算地热流体可开采量 $Q_{wk}$/(m³/a) | 开采系数法计算地热流体可开采热量 $Q_p$/(kJ/a) | 回灌条件下地热流体可开采量 $Q_{tc}$/(m³/a) | 回灌条件下地热流体可开采热量 $Q_p$/(kJ/a) | 最大允许降深法计算地热流体可开采量 $Q_{wd}$/(m³/a) | 最大允许降深法计算地热流体可开采热量 $Q_{wk}$/(kJ/a) |
|---|---|---|---|---|---|---|---|---|---|---|
| 川中丘陵、低山地热区 | 25~40 | $6.73\times10^{11}$ | $2.46\times10^{16}$ | $3.62\times10^{16}$ | $3.32\times10^{8}$ | $1.95\times10^{13}$ | $1.15\times10^{10}$ | $6.13\times10^{14}$ | $7.38\times10^{6}$ | $4.53\times10^{11}$ |
| | 40~60 | $9.29\times10^{11}$ | $7.95\times10^{17}$ | $1.19\times10^{17}$ | $4.64\times10^{8}$ | $6.44\times10^{13}$ | $9.64\times10^{9}$ | $1.36\times10^{15}$ | $1.47\times10^{7}$ | $2.17\times10^{12}$ |
| | 60~90 | $1.40\times10^{12}$ | $2.18\times10^{18}$ | $3.27\times10^{17}$ | $7.07\times10^{8}$ | $1.63\times10^{14}$ | $1.57\times10^{10}$ | $3.57\times10^{15}$ | $2.90\times10^{7}$ | $6.81\times10^{12}$ |
| | 90~150 | $1.08\times10^{12}$ | $2.69\times10^{18}$ | $4.04\times10^{17}$ | $5.43\times10^{8}$ | $1.84\times10^{14}$ | $1.23\times10^{10}$ | $4.16\times10^{15}$ | $6.65\times10^{6}$ | $2.19\times10^{12}$ |
| | 合计 | $4.09\times10^{12}$ | $5.91\times10^{18}$ | $8.87\times10^{17}$ | $2.05\times10^{9}$ | $4.30\times10^{14}$ | $4.91\times10^{10}$ | $9.70\times10^{15}$ | $5.77\times10^{7}$ | $1.16\times10^{13}$ |
| 川东平行岭谷地热区 | 25~40 | $6.98\times10^{11}$ | $2.45\times10^{17}$ | $3.67\times10^{16}$ | $3.49\times10^{8}$ | $2.14\times10^{13}$ | $1.14\times10^{10}$ | $6.88\times10^{14}$ | $1.05\times10^{7}$ | $7.18\times10^{11}$ |
| | 40~60 | $2.83\times10^{11}$ | $2.33\times10^{17}$ | $3.50\times10^{16}$ | $1.42\times10^{8}$ | $1.80\times10^{13}$ | $3.44\times10^{9}$ | $4.35\times10^{14}$ | $7.75\times10^{6}$ | $9.90\times10^{11}$ |
| | 60~90 | $6.70\times10^{10}$ | $1.03\times10^{17}$ | $1.54\times10^{16}$ | $3.35\times10^{7}$ | $7.14\times10^{12}$ | $7.99\times10^{8}$ | $1.70\times10^{14}$ | $3.91\times10^{6}$ | $8.48\times10^{11}$ |
| | 合计 | $1.05\times10^{12}$ | $5.81\times10^{17}$ | $8.71\times10^{16}$ | $5.24\times10^{8}$ | $4.65\times10^{13}$ | $1.56\times10^{10}$ | $1.29\times10^{15}$ | $2.21\times10^{7}$ | $2.56\times10^{12}$ |
| 合计 | | $5.14\times10^{12}$ | $6.49\times10^{18}$ | $9.74\times10^{17}$ | $2.57\times10^{9}$ | $4.77\times10^{14}$ | $6.47\times10^{10}$ | $1.10\times10^{16}$ | $7.99\times10^{7}$ | $1.42\times10^{13}$ |

表 5-6　沉积盆地型地热资源二叠系热储层地热资源统计表

| 计算区域 | 温度分区 | 地热流体储存量 $Q_{tw}$/m³ | 地热资源量 $Q$/kJ | 地热资源可开采量 $Q_{wh}$/kJ | 开采系数法计算地热流体可开采量 $Q_{wk}$/(m³/a) | 开采系数法计算地热流体可开采热量 $Q_p$/(kJ/a) | 回灌条件下地热流体可开采量 $Q_{tc}$/(m³/a) | 回灌条件下地热流体可开采热量 $Q_p$/(kJ/a) | 最大允许降深法计算地热流体可开采量 $Q_{wd}$/(m³/a) | 最大允许降深法计算地热流体可开采热量 $Q_{wk}$/(kJ/a) |
|---|---|---|---|---|---|---|---|---|---|---|
| 川中丘陵、低山地热区 | 60~90℃ | $9.30\times10^{11}$ | $1.32\times10^{18}$ | $1.98\times10^{17}$ | $4.67\times10^{8}$ | $9.85\times10^{13}$ | $9.52\times10^{9}$ | $2.04\times10^{15}$ | $4.60\times10^{6}$ | $6.97\times10^{11}$ |
| | 90~150℃ | $5.10\times10^{11}$ | $1.41\times10^{18}$ | $2.12\times10^{17}$ | $2.54\times10^{8}$ | $9.04\times10^{13}$ | $6.29\times10^{9}$ | $2.24\times10^{15}$ | 0.00 | 0.00 |
| | 合计 | $1.44\times10^{12}$ | $2.73\times10^{18}$ | $4.10\times10^{17}$ | $7.21\times10^{8}$ | $1.89\times10^{14}$ | $1.58\times10^{10}$ | $4.29\times10^{15}$ | $4.60\times10^{6}$ | $6.97\times10^{11}$ |
| 川东平行岭谷地热区 | 40~60℃ | $1.21\times10^{11}$ | $1.32\times10^{17}$ | $1.98\times10^{16}$ | $6.05\times10^{7}$ | $9.50\times10^{12}$ | $1.48\times10^{9}$ | $2.32\times10^{14}$ | $3.35\times10^{6}$ | $5.06\times10^{11}$ |
| | 60~90℃ | $1.48\times10^{11}$ | $2.42\times10^{17}$ | $3.63\times10^{16}$ | $7.39\times10^{7}$ | $1.62\times10^{13}$ | $1.81\times10^{9}$ | $3.98\times10^{14}$ | $7.05\times10^{6}$ | $1.55\times10^{12}$ |
| | 90~150℃ | $9.91\times10^{9}$ | $2.35\times10^{16}$ | $3.53\times10^{15}$ | $4.96\times10^{6}$ | $1.58\times10^{12}$ | $1.16\times10^{8}$ | $3.67\times10^{13}$ | $1.05\times10^{6}$ | $3.40\times10^{11}$ |
| | 合计 | $2.79\times10^{11}$ | $3.98\times10^{17}$ | $5.97\times10^{16}$ | $1.39\times10^{8}$ | $2.73\times10^{13}$ | $3.41\times10^{9}$ | $6.67\times10^{14}$ | $1.15\times10^{7}$ | $2.40\times10^{12}$ |
| 合计 | | $1.72\times10^{12}$ | $3.13\times10^{18}$ | $4.70\times10^{17}$ | $8.60\times10^{8}$ | $2.16\times10^{14}$ | $1.92\times10^{10}$ | $4.96\times10^{15}$ | $1.61\times10^{7}$ | $3.10\times10^{12}$ |

表 5-7　四川省高温地热资源发电潜力计算表

| 序号 | 温泉(井)编号 | 温泉(井)名称 | 当地年平均温度/℃ | 岩石和水的体积比热/[J/(m³·℃)] | 热储体积/m³ | 热储温度/℃ | 热储热能/J | 采收率 | 井口热能/J | 井口有用功率与热储热能比值 | 井口有用功/J | 动能转化成电能的工作效率 | 资源潜力/J | 30年功率换算参数 | 30年发电潜力/MW |
|---|---|---|---|---|---|---|---|---|---|---|---|---|---|---|---|
| 1 | GZ175 | 巴塘县温泉 | 12.7 | 2700000 | $6.00×10^9$ | 152.21 | $2.26×10^{18}$ | 0.25 | $5.65×10^{17}$ | 0.045 | $1.02×10^{17}$ | 0.4 | $4.07×10^{16}$ | $9.46×10^{14}$ | 43.00 |
| 2 | GZ174 | 巴塘县温泉 | 12.7 | 2700000 | $6.00×10^9$ | 152.63 | $2.27×10^{18}$ | 0.25 | $5.67×10^{17}$ | 0.045 | $1.02×10^{17}$ | 0.4 | $4.08×10^{16}$ | $9.46×10^{14}$ | 43.13 |
| 3 | GZ180 | 巴塘县温泉 | 12.7 | 2700000 | $6.00×10^9$ | 160.92 | $2.40×10^{18}$ | 0.25 | $6.00×10^{17}$ | 0.047 | $1.13×10^{17}$ | 0.4 | $4.51×10^{16}$ | $9.46×10^{14}$ | 47.72 |
| 4 | GZ176 | 巴塘县温泉 | 12.7 | 2700000 | $6.00×10^9$ | 160.92 | $2.40×10^{18}$ | 0.25 | $6.00×10^{17}$ | 0.047 | $1.13×10^{17}$ | 0.4 | $4.51×10^{16}$ | $9.46×10^{14}$ | 47.72 |
| 5 | GZ159 | 巴塘县温泉 | 12.7 | 2700000 | $6.00×10^9$ | 167.98 | $2.52×10^{18}$ | 0.25 | $6.29×10^{17}$ | 0.049 | $1.23×10^{17}$ | 0.4 | $4.93×10^{16}$ | $9.46×10^{14}$ | 52.11 |
| 6 | GZ156、GZ157 | 巴塘县沸泉群 | 12.7 | 2700000 | $2.00×10^9$ | 169.16 | $8.45×10^{17}$ | 0.25 | $2.11×10^{17}$ | 0.049 | $4.14×10^{16}$ | 0.4 | $1.66×10^{16}$ | $9.46×10^{14}$ | 17.50 |
| 7 | GZ184 | 巴塘县温泉 | 12.7 | 2700000 | $6.00×10^9$ | 170.53 | $2.56×10^{18}$ | 0.25 | $6.39×10^{17}$ | 0.049 | $1.25×10^{17}$ | 0.4 | $5.01×10^{16}$ | $9.46×10^{14}$ | 52.97 |
| 8 | GZ181 | 巴塘县温泉 | 12.7 | 2700000 | $6.00×10^9$ | 170.53 | $2.56×10^{18}$ | 0.25 | $6.39×10^{17}$ | 0.049 | $1.25×10^{17}$ | 0.4 | $5.01×10^{16}$ | $9.46×10^{14}$ | 52.97 |
| 9 | GZ182 | 巴塘县温泉 | 12.7 | 2700000 | $6.00×10^9$ | 170.53 | $2.56×10^{18}$ | 0.25 | $6.39×10^{17}$ | 0.049 | $1.25×10^{17}$ | 0.4 | $5.01×10^{16}$ | $9.46×10^{14}$ | 52.97 |
| 10 | GZ183 | 巴塘县温泉 | 12.7 | 2700000 | $6.00×10^9$ | 170.64 | $2.56×10^{18}$ | 0.25 | $6.40×10^{17}$ | 0.049 | $1.25×10^{17}$ | 0.4 | $5.01×10^{16}$ | $9.46×10^{14}$ | 53.01 |
| 11 | GZ177、GZ178、GZ179 | 巴塘县泉群 | 12.7 | 2700000 | $3.00×10^9$ | 172.10 | $1.29×10^{18}$ | 0.25 | $3.23×10^{17}$ | 0.049 | $6.33×10^{16}$ | 0.4 | $2.53×10^{16}$ | $9.46×10^{14}$ | 26.75 |
| 12 | GZ168 | 巴塘县温泉 | 12.7 | 2700000 | $6.00×10^9$ | 172.80 | $2.59×10^{18}$ | 0.25 | $6.48×10^{17}$ | 0.049 | $1.27×10^{17}$ | 0.4 | $5.08×10^{16}$ | $9.46×10^{14}$ | 53.73 |
| 13 | GZ158、GZ162、GZ163、GZ164、GZ165、GZ166 | 巴塘县泉群 | 12.7 | 2700000 | $7.00×10^9$ | 173.96 | $3.05×10^{18}$ | 0.25 | $7.62×10^{17}$ | 0.049 | $1.49×10^{17}$ | 0.4 | $5.97×10^{16}$ | $9.46×10^{14}$ | 63.14 |
| 14 | GZ103 | 白玉县温泉 | 7.7 | 2700000 | $6.00×10^9$ | 150.06 | $2.31×10^{18}$ | 0.25 | $5.77×10^{17}$ | 0.044 | $1.01×10^{17}$ | 0.4 | $4.06×10^{16}$ | $9.46×10^{14}$ | 42.90 |
| 15 | GZ107 | 白玉县温泉 | 7.7 | 2700000 | $6.00×10^9$ | 150.20 | $2.31×10^{18}$ | 0.25 | $5.77×10^{17}$ | 0.044 | $1.02×10^{17}$ | 0.4 | $4.06×10^{16}$ | $9.46×10^{14}$ | 42.95 |
| 16 | GZ106、GZ108 | 白玉县泉群 | 7.7 | 2700000 | $2.00×10^9$ | 150.25 | $7.70×10^{17}$ | 0.25 | $1.92×10^{17}$ | 0.044 | $3.39×10^{16}$ | 0.4 | $1.35×10^{16}$ | $9.46×10^{14}$ | 14.32 |

续表

| 序号 | 温泉(井)编号 | 温泉(井)名称 | 当地年平均温度/℃ | 岩石和水的体积比热/[J/(m³·℃)] | 热储体积/m³ | 热储温度/℃ | 热储热能/J | 采收率 | 井口热能/J | 井口有用功与储热能比值 | 井口有用功/J | 动能转化成电能的工作效率 | 资源潜力/J | 30年功率换算参数 | 30年发电潜力/MW |
|---|---|---|---|---|---|---|---|---|---|---|---|---|---|---|---|
| 17 | GZ109 | 白玉县温泉 | 7.7 | 2700000 | $6.00\times10^9$ | 150.25 | $2.31\times10^{18}$ | 0.25 | $5.77\times10^{17}$ | 0.044 | $1.02\times10^{17}$ | 0.4 | $4.06\times10^{16}$ | $9.46\times10^{14}$ | 42.96 |
| 18 | GZ105 | 白玉县温泉 | 7.7 | 2700000 | $6.00\times10^9$ | 150.25 | $2.31\times10^{18}$ | 0.25 | $5.77\times10^{17}$ | 0.044 | $1.02\times10^{17}$ | 0.4 | $4.06\times10^{16}$ | $9.46\times10^{14}$ | 42.96 |
| 19 | GZ110 | 白玉县温泉 | 7.7 | 2700000 | $6.00\times10^9$ | 150.25 | $2.31\times10^{18}$ | 0.25 | $5.77\times10^{17}$ | 0.044 | $1.02\times10^{17}$ | 0.4 | $4.06\times10^{16}$ | $9.46\times10^{14}$ | 42.96 |
| 20 | GZ104 | 白玉县温泉 | 7.7 | 2700000 | $6.00\times10^9$ | 150.25 | $2.31\times10^{18}$ | 0.25 | $5.77\times10^{17}$ | 0.044 | $1.02\times10^{17}$ | 0.4 | $4.06\times10^{16}$ | $9.46\times10^{14}$ | 42.96 |
| 21 | GZ299 | 白玉县温泉 | 7.7 | 2700000 | $6.00\times10^9$ | 150.25 | $2.31\times10^{18}$ | 0.25 | $5.77\times10^{17}$ | 0.044 | $1.02\times10^{17}$ | 0.4 | $4.06\times10^{16}$ | $9.46\times10^{14}$ | 42.96 |
| 22 | GZ298 | 白玉县温泉 | 7.7 | 2700000 | $6.00\times10^9$ | 150.25 | $2.31\times10^{18}$ | 0.25 | $5.77\times10^{17}$ | 0.044 | $1.02\times10^{17}$ | 0.4 | $4.06\times10^{16}$ | $9.46\times10^{14}$ | 42.96 |
| 23 | GZ297 | 白玉县温泉 | 7.7 | 2700000 | $6.00\times10^9$ | 150.25 | $2.31\times10^{18}$ | 0.25 | $5.77\times10^{17}$ | 0.044 | $1.02\times10^{17}$ | 0.4 | $4.06\times10^{16}$ | $9.46\times10^{14}$ | 42.96 |
| 24 | GZ96、GZ100、GZ101 | 白玉县泉群 | 7.7 | 2700000 | $3.00\times10^9$ | 150.25 | $1.15\times10^{18}$ | 0.25 | $2.89\times10^{17}$ | 0.044 | $5.08\times10^{16}$ | 0.4 | $2.03\times10^{16}$ | $9.46\times10^{14}$ | 21.48 |
| 25 | GZ242 | 丹巴县温泉 | 14.2 | 2700000 | $6.00\times10^9$ | 155.84 | $2.29\times10^{18}$ | 0.25 | $5.74\times10^{17}$ | 0.044 | $1.01\times10^{17}$ | 0.4 | $4.04\times10^{16}$ | $9.46\times10^{14}$ | 42.69 |
| 26 | GZ244 | 丹巴县温泉 | 14.2 | 2700000 | $6.00\times10^9$ | 161.91 | $2.39\times10^{18}$ | 0.25 | $5.98\times10^{17}$ | 0.0475 | $1.14\times10^{17}$ | 0.4 | $4.55\times10^{16}$ | $9.46\times10^{14}$ | 48.06 |
| 27 | GZ250 | 道孚县温泉 | 7.8 | 2700000 | $6.00\times10^9$ | 162.23 | $2.50\times10^{18}$ | 0.25 | $6.25\times10^{17}$ | 0.048 | $1.20\times10^{17}$ | 0.4 | $4.80\times10^{16}$ | $9.46\times10^{14}$ | 50.77 |
| 28 | GZ197 | 得荣县温泉 | 8.8 | 2700000 | $6.00\times10^9$ | 170.53 | $2.62\times10^{18}$ | 0.25 | $6.55\times10^{17}$ | 0.049 | $1.28\times10^{17}$ | 0.4 | $5.14\times10^{16}$ | $9.46\times10^{14}$ | 54.28 |
| 29 | GZ198 | 得荣县温泉 | 8.8 | 2700000 | $6.00\times10^9$ | 170.53 | $2.62\times10^{18}$ | 0.25 | $6.55\times10^{17}$ | 0.049 | $1.28\times10^{17}$ | 0.4 | $5.14\times10^{16}$ | $9.46\times10^{14}$ | 54.28 |
| 30 | GZ63、GZ64、GZ265、GZ266、GZ267 | 甘孜县泉群 | 5.6 | 2700000 | $5.00\times10^9$ | 161.01 | $2.10\times10^{18}$ | 0.25 | $5.25\times10^{17}$ | 0.045 | $9.44\times10^{16}$ | 0.4 | $3.78\times10^{16}$ | $9.46\times10^{14}$ | 39.92 |
| 31 | J02、J03、J04、J05、J06、J07 | 康定市井群 | 6.4 | 2700000 | $4.00\times10^9$ | 150.62 | $1.56\times10^{18}$ | 0.25 | $3.89\times10^{17}$ | 0.046 | $7.16\times10^{16}$ | 0.4 | $2.87\times10^{16}$ | $9.46\times10^{14}$ | 30.29 |
| 32 | GZ22 | 康定市温泉 | 6.4 | 2700000 | $6.00\times10^9$ | 154.94 | $2.41\times10^{18}$ | 0.25 | $6.02\times10^{17}$ | 0.046 | $1.11\times10^{17}$ | 0.4 | $4.43\times10^{16}$ | $9.46\times10^{14}$ | 46.80 |
| 33 | GZ23 | 康定市温泉 | 6.4 | 2700000 | $6.00\times10^9$ | 154.94 | $2.41\times10^{18}$ | 0.25 | $6.02\times10^{17}$ | 0.046 | $1.11\times10^{17}$ | 0.4 | $4.43\times10^{16}$ | $9.46\times10^{14}$ | 46.80 |

续表

| 序号 | 温泉(井)编号 | 温泉(井)名称 | 当地年平均温度/℃ | 岩石和水的体积比热/[J/(m³·℃)] | 热储体积/m³ | 热储温度/℃ | 热储热能/J | 采收率 | 井口热能/J | 井口有用功与储热能比值 | 井口有用功/J | 动能转化成电能的工作效率 | 资源潜力/J | 30年功率换算参数 | 30年发电潜力/MW |
|---|---|---|---|---|---|---|---|---|---|---|---|---|---|---|---|
| 34 | GZ25、GZ37、GZ38、GZ39、GZ40、GZ41 | 康定市泉群 | 6.4 | 2700000 | $6.00\times10^{9}$ | 157.80 | $2.45\times10^{18}$ | 0.25 | $6.13\times10^{17}$ | 0.047 | $1.15\times10^{17}$ | 0.4 | $4.61\times10^{16}$ | $9.46\times10^{14}$ | 48.74 |
| 35 | J08 | 康定市井群 | 6.4 | 2700000 | $3.00\times10^{9}$ | 168.87 | $1.32\times10^{18}$ | 0.25 | $3.29\times10^{17}$ | 0.048 | $6.32\times10^{16}$ | 0.4 | $2.53\times10^{16}$ | $9.46\times10^{14}$ | 26.71 |
| 36 | GZ12、GZ13、GZ14、GZ16、GZ17 | 康定市泉群 | 6.4 | 2700000 | $5.00\times10^{9}$ | 171.50 | $2.23\times10^{18}$ | 0.25 | $5.57\times10^{17}$ | 0.049 | $1.09\times10^{17}$ | 0.4 | $4.37\times10^{16}$ | $9.46\times10^{14}$ | 46.18 |
| 37 | GZ122 | 理塘县温泉 | 5.9 | 2700000 | $6.00\times10^{9}$ | 152.44 | $2.37\times10^{18}$ | 0.25 | $5.93\times10^{17}$ | 0.046 | $1.09\times10^{17}$ | 0.4 | $4.37\times10^{16}$ | $9.46\times10^{14}$ | 46.17 |
| 38 | GZ150、GZ151 | 理塘县泉群 | 5.9 | 2700000 | $2.00\times10^{9}$ | 159.12 | $8.27\times10^{17}$ | 0.25 | $2.07\times10^{17}$ | 0.047 | $3.89\times10^{16}$ | 0.4 | $1.56\times10^{16}$ | $9.46\times10^{14}$ | 16.44 |
| 39 | GZ152 | 理塘县泉群 | 5.9 | 2700000 | $6.00\times10^{9}$ | 162.51 | $2.54\times10^{18}$ | 0.25 | $6.34\times10^{17}$ | 0.048 | $1.22\times10^{17}$ | 0.4 | $4.87\times10^{16}$ | $9.46\times10^{14}$ | 51.49 |
| 40 | GZ144 | 理塘县温泉 | 5.9 | 2700000 | $6.00\times10^{9}$ | 162.61 | $2.54\times10^{18}$ | 0.25 | $6.35\times10^{17}$ | 0.048 | $1.22\times10^{17}$ | 0.4 | $4.87\times10^{16}$ | $9.46\times10^{14}$ | 51.52 |
| 41 | GZ138 | 理塘县温泉 | 5.9 | 2700000 | $6.00\times10^{9}$ | 165.46 | $2.58\times10^{18}$ | 0.25 | $6.46\times10^{17}$ | 0.048 | $1.24\times10^{17}$ | 0.4 | $4.96\times10^{16}$ | $9.46\times10^{14}$ | 52.46 |
| 42 | GZ125 | 理塘县温泉 | 5.9 | 2700000 | $6.00\times10^{9}$ | 169.63 | $2.65\times10^{18}$ | 0.25 | $6.63\times10^{17}$ | 0.049 | $1.30\times10^{17}$ | 0.4 | $5.20\times10^{16}$ | $9.46\times10^{14}$ | 54.95 |
| 43 | GZ124 | 理塘县温泉 | 5.9 | 2700000 | $6.00\times10^{9}$ | 169.63 | $2.65\times10^{18}$ | 0.25 | $6.63\times10^{17}$ | 0.049 | $1.30\times10^{17}$ | 0.4 | $5.20\times10^{16}$ | $9.46\times10^{14}$ | 54.95 |
| 44 | GZ123 | 理塘县温泉 | 5.9 | 2700000 | $6.00\times10^{9}$ | 169.63 | $2.65\times10^{18}$ | 0.25 | $6.63\times10^{17}$ | 0.049 | $1.30\times10^{17}$ | 0.4 | $5.20\times10^{16}$ | $9.46\times10^{14}$ | 54.95 |
| 45 | GZ121 | 理塘县温泉 | 5.9 | 2700000 | $6.00\times10^{9}$ | 170.01 | $2.66\times10^{18}$ | 0.25 | $6.65\times10^{17}$ | 0.049 | $1.30\times10^{17}$ | 0.4 | $5.21\times10^{16}$ | $9.46\times10^{14}$ | 55.08 |
| 46 | GZ136 | 理塘县温泉 | 5.9 | 2700000 | $6.00\times10^{9}$ | 170.39 | $2.66\times10^{18}$ | 0.25 | $6.66\times10^{17}$ | 0.049 | $1.31\times10^{17}$ | 0.4 | $5.22\times10^{16}$ | $9.46\times10^{14}$ | 55.20 |
| 47 | GZ07、GZ08、GZ09 | 泸定县泉群 | 16.5 | 2700000 | $3.00\times10^{9}$ | 150.08 | $1.08\times10^{18}$ | 0.25 | $2.70\times10^{17}$ | 0.054 | $5.84\times10^{16}$ | 0.4 | $2.34\times10^{16}$ | $9.46\times10^{14}$ | 24.70 |
| 48 | GZ187 | 乡城县沸泉 | 10.7 | 2700000 | $6.00\times10^{9}$ | 162.12 | $2.45\times10^{18}$ | 0.25 | $6.13\times10^{17}$ | 0.048 | $1.18\times10^{17}$ | 0.4 | $4.71\times10^{16}$ | $9.46\times10^{14}$ | 49.78 |

续表

| 序号 | 温泉(井)编号 | 温泉(井)名称 | 当地年平均温度/℃ | 岩石和水的体积比热/[J/(m³·℃)] | 热储体积/m³ | 热储温度/℃ | 热储热能/J | 采收率 | 井口热能/J | 井口有用功与储热能比值 | 井口有用功/J | 动能转化成电能的工作效率 | 资源潜力/J | 30年功率换算参数 | 30年发电潜力/MW |
|---|---|---|---|---|---|---|---|---|---|---|---|---|---|---|---|
| 49 | GZ194, GZ195, GZ196 | 乡城县泉群 | 10.7 | 2700000 | $3.00\times10^{9}$ | 167.53 | $1.27\times10^{18}$ | 0.25 | $3.18\times10^{17}$ | 0.048 | $6.10\times10^{16}$ | 0.4 | $2.44\times10^{16}$ | $9.46\times10^{14}$ | 25.78 |
| 50 | GZ192 | 乡城县温泉 | 10.7 | 2700000 | $6.00\times10^{9}$ | 167.53 | $2.54\times10^{18}$ | 0.25 | $6.35\times10^{17}$ | 0.048 | $1.22\times10^{17}$ | 0.4 | $4.88\times10^{16}$ | $9.46\times10^{14}$ | 51.56 |
| 51 | GZ193 | 乡城县温泉 | 10.7 | 2700000 | $6.00\times10^{9}$ | 168.61 | $2.56\times10^{18}$ | 0.25 | $6.40\times10^{17}$ | 0.048 | $1.23\times10^{17}$ | 0.4 | $4.91\times10^{16}$ | $9.46\times10^{14}$ | 51.91 |
| 52 | GZ186 | 乡城县温泉 | 10.7 | 2700000 | $6.00\times10^{9}$ | 170.53 | $2.59\times10^{18}$ | 0.25 | $6.47\times10^{17}$ | 0.049 | $1.27\times10^{17}$ | 0.4 | $5.08\times10^{16}$ | $9.46\times10^{14}$ | 53.64 |
| 53 | GZ185 | 乡城县温泉 | 10.7 | 2700000 | $6.00\times10^{9}$ | 170.53 | $2.59\times10^{18}$ | 0.25 | $6.47\times10^{17}$ | 0.049 | $1.27\times10^{17}$ | 0.4 | $5.08\times10^{16}$ | $9.46\times10^{14}$ | 53.64 |
| 54 | GZ116 | 新龙县温泉 | 7.4 | 2700000 | $6.00\times10^{9}$ | 150.95 | $2.33\times10^{18}$ | 0.25 | $5.81\times10^{17}$ | 0.044 | $1.02\times10^{17}$ | 0.4 | $4.09\times10^{16}$ | $9.46\times10^{14}$ | 43.26 |
| 55 | GZ120 | 雅江县温泉 | 11 | 2700000 | $6.00\times10^{9}$ | 152.45 | $2.29\times10^{18}$ | 0.25 | $5.73\times10^{17}$ | 0.046 | $1.05\times10^{17}$ | 0.4 | $4.22\times10^{16}$ | $9.46\times10^{14}$ | 44.57 |
| 56 | GZ119 | 雅江县温泉 | 11 | 2700000 | $6.00\times10^{9}$ | 152.45 | $2.29\times10^{18}$ | 0.25 | $5.73\times10^{17}$ | 0.046 | $1.05\times10^{17}$ | 0.4 | $4.22\times10^{16}$ | $9.46\times10^{14}$ | 44.57 |
| 57 | GZ226 | 康定市地热井 | 6.4 | 2700000 | $6.00\times10^{9}$ | 178.10 | $2.78\times10^{18}$ | 0.25 | $6.95\times10^{17}$ | 0.053 | $1.47\times10^{17}$ | 0.4 | $5.90\times10^{16}$ | $9.46\times10^{14}$ | 62.33 |
| 58 | GZ11 | 康定市地热井 | 6.4 | 2700000 | $6.00\times10^{9}$ | 260.00 | $4.11\times10^{18}$ | 0.25 | $1.03\times10^{18}$ | 0.070 | $2.86\times10^{17}$ | 0.4 | $1.15\times10^{17}$ | $9.46\times10^{14}$ | 121.59 |
| 合计 | | | | | | | | | | | | | | | 2685.16 |

# 第6章 地热资源开发利用现状及典型案例

## 6.1 地热资源开发利用现状

早在1976年，研究人员对位于美国爱达荷州的拉夫特河(Raft River)示范工程地热资源的综合利用问题展开了较系统和深入的分析研究，探讨了如何梯级利用地热资源，特别是低温地热资源。2002～2012年，研究人员分别在新西兰、德国、肯尼亚、冰岛等地，先后开展了发电，地热回灌循环系统供暖、休闲、养殖以及提供急需的饮用水等方面的研究、示范，地热资源完全可以成为一种清洁能源被利用。

据史料记载，我国地热资源开发利用已有2000多年的悠久历史，是世界上较早开发地热资源的国家与地区之一。20世纪50年代，医疗保健利用方式率先兴起，建立温泉疗养院达160多家，70年代后进入快速发展阶段，尤其是90年代以来，地热资源利用得到了更加快速的发展。我国的地热资源利用主要为高温地热发电、中低温(中、深部)地热直接利用、浅层地热能利用、干热岩开发利用4类。按地热资源类型看，截至2013年底，我国有温泉2297处、地热井5210眼，地热流体开采热量为$2.00\times10^{17}$J/a，约合标准煤$411\times10^4$t。

四川省地热资源开发利用历史悠久，应用领域广。经调查，全省中、深部地热点共337处，已利用的地热点有205处。其中，开发利用较好的方式主要是医疗保健洗浴，有174处。开发利用程度高、经济效益和社会效益好的有22处，如峨眉山风景区七里坪温泉、华生温泉，绵阳罗浮山温泉，海螺沟温泉，康定二道桥温泉等，目前省内地热资源主要用于医疗保健洗浴、育苗养殖、供暖、矿泉饮料等方面。

### 6.1.1 开发利用方向及现状

全省337个中、深部地热点，129个地热点尚未开发利用，3个地热点已消失，只有205个地热点已开发利用。开发利用方式主要有医疗保健、水产养殖、温室种植以及其他方式，如小规模生产生活用水等，部分地热点为简单的综合利用，即用作医疗保障的同时，又用作水产养殖(表6-1、图6-1)。总体来看，全省地热资源的开发利用具有地热初级利用、开发利用形式单一的特点。

表6-1 四川省地热资源利用方向统计表

| | 利用方向 | 温泉/个 | 地热井/个 | 合计/个 | 百分比/% |
|---|---|---|---|---|---|
| 医疗保健 | 正规开发模式 | 3 | 19 | 22 | 6.5 |
| | 较正规开发模式 | 37 | 11 | 48 | 14.2 |
| | 利用未开发模式 | 97 | 0 | 97 | 28.8 |

续表

| 利用方向 | 温泉/个 | 地热井/个 | 合计/个 | 百分比/% |
|---|---|---|---|---|
| 水产养殖 | 3 | 1 | 4 | 1.2 |
| 温室种植 | 3 | 0 | 3 | 0.9 |
| 医疗保健和水产养殖综合利用 | 7 | 0 | 7 | 2.1 |
| 其他用途 | 15 | 9 | 24 | 7.1 |
| 尚未利用 | 86 | 43 | 129 | 38.3 |
| 已消失 | 2 | 1 | 3 | 0.9 |
| 合计 | 253 | 84 | 337 | 100.0 |

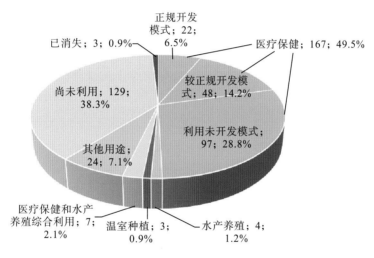

图 6-1　四川省地热露头利用现状图

### 6.1.1.1　医疗保健

医疗保健是四川省内地热资源最主要的开发利用形式。按开发利用程度可划分为正规开发、较正规开发及利用未开发 3 种模式。

正规开发模式主要依靠风景名胜区[如峨眉山七里坪温泉(图 6-2)、华生温泉]、大中型城市周边(如绵阳罗浮山温泉)、历史文化沉淀或优越条件(如康定市二道桥温泉, 图 6-3)而利用, 充分利用人口流动大、经济条件相对优越、温泉本身的名气等条件而正规利用, 近一半为地热井人工揭露, 开发成本、消费和产值相对较高。从分布地区来看, 主要分布在成都、绵阳、德阳、乐山、广元、眉山、雅安、宜宾、攀枝花、凉山、甘孜等地, 其中成都、乐山为拥有该种开发规模地热露头最多的两个城市, 见表 6-2。

图 6-2  峨眉山七里坪温泉                    图 6-3  康定市二道桥温泉

**表 6-2  四川省正规开发利用的医疗保健地热点统计表**

| 市(州) | 县(市、区) | 地理位置 | 温泉名称 | 水温/℃ | 开采量/(m³/d) |
|---|---|---|---|---|---|
| 成都市 | 彭州市 | 龙门山镇宝山村 13 组 | 宝山温泉 | 43 | 158.0 |
| | 大邑县 | 西岭镇花石村 6 组 | 花水湾温泉 | 68 | 220.0 |
| | 温江区 | 金马街道温泉大道 4 段 | 鱼凫温泉 | 38 | 200.0 |
| | 崇州市 | 文井江镇大同村 6 组李家坪 | 文锦江温泉 | 27 | 80.0 |
| 德阳市 | 绵竹市 | 麓棠镇麓棠村三溪寺 | 麓棠温泉 | 38 | 180.0 |
| 广元市 | 剑阁县 | 下寺镇大仓坝 | 天赐温泉 | 59 | 200.0 |
| | 旺苍县 | 高阳镇温泉村 1 组 | 鹿亭溪温泉 | 43 | 20.0 |
| 乐山市 | 峨眉山市 | 黄湾镇邓河坝 | 氡温泉源头 | 34 | 132.0 |
| | | 绥山镇赵河村 2 组 | 天颐温泉 | 43 | 95.0 |
| | | 绥山镇赵河村 5 组 | 天颐温泉 | 43 | 50.0 |
| | 峨边县 | 金岩乡温泉村 4 组 | 黑竹沟温泉 | 49 | 100.0 |
| 凉山州 | 喜德县 | 光明镇幸福村 2 组 | 喜德阳光温泉 | 53 | 32.0 |
| | 普格县 | 荞窝镇城西村 1 组 | 温泉瀑布 | 33 | 420 |
| | | 普基镇新建北路 1 号 | 螺髻山温泉 | 43 | 180 |
| 眉山市 | 洪雅县 | 高庙镇七里坪 3 组 | 华生温泉 | 38 | 453.2 |
| | | 高庙镇七里坪 3 组 | 七里坪温泉 | 44 | 459.5 |
| 绵阳市 | 安州区 | 桑枣镇红牌村 5 组 | 罗浮山温泉 | 41 | 19.1 |
| 攀枝花市 | 盐边县 | 红格镇红格村 7 组 | 红格温泉 | 52 | 25.9 |
| 雅安市 | 雨城区 | 周公山镇新民村 4 组 | 周公山温泉 | 78 | 150.0 |
| 宜宾市 | 长宁县 | 龙头镇龙华村 1 组 | 蜀南竹海温泉 | 38 | 300.0 |
| 甘孜州 | 泸定县 | 磨西镇共和村 | 贡嘎神汤 | 65 | 419.5 |
| | 康定市 | 炉城街道二道桥 | 二道桥温泉 | 37 | 200 |

注：表中地理位置来源于地质调查原始资料。

较正规开发利用模式规模及产值次于第一类正规开发利用模式，多以温泉山庄、会所或家庭式浴所的形式经营(图 6-4、图 6-5),少数(如凉山州、甘孜州共 7 个地热点)还用于水产养殖等其他利用方向,利用天然温泉露头占 80%。从分布地区来看,主要分布在达州市、乐山市、雅安市、宜宾市、阿坝州、甘孜州、凉山州等地,其中以甘孜州最多,约占全省该模式的 56%,凉山州次之,占 20%,见表 6-3。

图 6-4　宜宾市珙县蜀南温泉　　　　　　图 6-5　阿坝州若尔盖县降扎温泉

表 6-3　四川省较正规开发模式的医疗保健地热点统计表

| 市(州) | 县(市、区) | 地理位置 | 水温/℃ | 利用量/(m³/d) |
|---|---|---|---|---|
| 阿坝州 | 若尔盖县 | 降扎乡苟绕村降扎 | 50 | 110 |
| | 黑水县 | 晴朗乡达盖村热水塘 | 46 | 30 |
| | 理县 | 古尔沟镇古尔沟村 2 组热水塘 | 62 | 240 |
| 甘孜州 | 泸定县 | 得妥镇湾东村 1 组热水塘 | 58.3 | 30 |
| | | 得妥镇湾东村 1 组热水塘 | 44 | 50 |
| | | 新兴乡跃进坪村 | 47.9 | 50 |
| | 稻城县 | 茹布查卡沟谷右岸 | 68 | 180 |
| | 巴塘县 | 夏邛镇 0126 电杆巴曲河右岸 | 39 | 30 |
| | | 夏邛镇 0110 电杆巴曲河左岸 | 40 | 30 |
| | | 夏邛镇 098 电杆巴曲河左岸 | 38.5 | 15 |
| | | 夏邛镇鹦哥嘴沟谷右岸 | 37 | 30 |
| | 康定市 | 榆林街道龙头沟 | 70.4 | 40 |
| | | 榆林街道龙头沟 | 63.5 | 10 |
| | | 榆林街道磨房村 | 65.9 | 10 |
| | | 榆林街道金家河坝 | 47.5 | 20 |
| | | 炉城街道清泉一村 2 组 | 40 | 80 |
| | | 雅拉乡中谷村雅拉河左岸 | 72 | 17.3 |
| | | 雅拉乡大盖 | 83 | 16.5 |
| | 新龙县 | 通宵镇察麻所村洛多沟右岸 | 53 | 50 |
| | 甘孜县 | 县城南边雅砻江左岸 | 37 | 30 |

| 市(州) | 县(市、区) | 地理位置 | 水温/℃ | 利用量/(m³/d) |
|---|---|---|---|---|
| | 甘孜县 | 雅砻江左岸东烈士陵园 | 50.5 | 51.8 |
| | 炉霍县 | 宜木乡虾拉沱村 | 41 | 45 |
| | 道孚县 | 玉科镇 | 40 | 30 |
| | | 麻孜乡新江沟村新江沟 | 49 | 60 |
| | | 葛卡乡龙普村龙普沟左岸 | 42 | 70 |
| | | 葛卡乡龙普村龙普沟右岸 | 47 | 30 |
| 甘孜州 | 理塘县 | 村戈乡热水塘 | 45 | 150 |
| | 乡城县 | 然乌乡克麦村沟谷右岸 | 43-47 | 50 |
| | | 然乌乡克麦村沟谷左岸 | 53 | 20 |
| | | 水洼乡俄扎村硕曲河左岸俄扎桥旁 | 36 | 30 |
| | | 水洼乡白格村硕曲河右岸 | 46 | 30 |
| | | 水洼乡白格村硕曲河左岸 | 51 | 25 |
| | 德格县 | 竹庆沟谷右岸 | 38 | 51.8 |
| 乐山市 | 峨边县 | 金岩乡温泉村4组 | 57 | 120 |
| | 犍为县 | 孝姑镇岩门村5组 | 36 | 200.0 |
| | 甘洛县 | 阿嘎乡乃巫村挖五组 | 39 | 70 |
| | 喜德县 | 红莫镇回龙村5组 | 49 | 80 |
| | 西昌市 | 佑君镇站沟村6组 | 34 | 110 |
| | | 高枧社区张林村6组矿泉大道 | 39 | 34.0 |
| | | 川兴镇新农村1组 | 44 | 238.1 |
| 凉山州 | 会东县 | 鲁吉镇热水村2组，江畔温泉山庄 | 49 | 90 |
| | | 鲁吉镇热水村1组，金沙温泉山庄 | 46 | 55 |
| | 木里县 | 克尔乡宣洼村苦巴店组 | 39 | 10 |
| | | 卡拉乡麻撒村麻撒组 | 45 | 55 |
| | 昭觉县 | 竹核镇大温泉村大温泉社 | 54 | 50 |
| | 雷波县 | 马颈子镇西苏角村，马颈子温泉山庄 | 43.2 | 70 |
| 雅安市 | 石棉县 | 王岗坪彝族藏族乡幸福村4组 | 58 | 120 |
| | | 草科藏族乡草科村3组 | 47 | 80 |
| | | 新棉街道滨河四段658号 | 61 | 36.0 |
| 宜宾市 | 筠连县 | 巡司镇黄荆村8组 | 40 | 140 |
| | | 巡司镇盐井村3组木井温泉 | 42 | 30.0 |
| | 珙县 | 珙泉镇新华街汽车站南方约100m处 | 45 | 80 |
| 达州市 | 开江县 | 新宁镇桥亭村 | 47 | 240.0 |
| | 达川区 | 平滩镇桥梁石村8社 | 36.5 | 92.1 |

注：表中地理位置来源于地质调查原始资料。

利用未开发模式属于十分简易的医疗保健天然温泉露头点，共计97个，近90%分布在川西高原甘孜州境内,其分布比例见图 6-6。该种利用方式多位于离人口聚居区较远的深沟、半坡等较偏远、交通不发达的地方(图 6-7、图 6-8)。

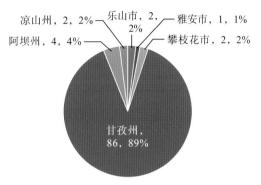

图 6-6　利用未开发模式医疗保健利用现状图

图 6-7　攀枝花市米易县攀莲镇热水塘

图 6-8　甘孜州甘孜县扎科乡热水塘

### 6.1.1.2　水产养殖

水产养殖的地热点相对较少,仅存在于凉山州(图 6-9、图 6-10),养殖鱼种仅罗非鱼一项,这种鱼适合在 28~32℃的环境中生长。该类型利用方式共 11 处(表 6-4),有 7 处还被作为医疗保健用途使用。

图 6-9　凉山州甘洛县苏雄镇温泉鱼塘

图 6-10　凉山州昭觉县竹核镇温泉鱼塘

表 6-4    四川省用作水产养殖的地热点统计表

| 市(州) | 县(市) | 地理位置 | 水温/℃ | 利用量/(m³/d) |
|---|---|---|---|---|
| 凉山州 | 甘洛县 | 苏雄镇埃岱村 | 30.3 | 276.3 |
| | | 阿嘎乡乃巫村 | 39 | 45.7 |
| | 会理市 | 果元乡热水村 1 组六角洞泉眼鱼塘 | 27 | 165.8 |
| | | 果元乡热水村 1 组六角洞 | 32 | 82.9 |
| | 昭觉县 | 竹核镇大温泉村小温泉社 | 48.2 | 26.8 |
| | | 竹核镇大温泉村大温泉社 | 54 | 32.4 |
| | 盐源县 | 树河镇竹林村 1 组 | 25 | 130.2 |
| | 喜德县 | 红莫镇回龙村 5 组 | 49 | 129.4 |
| | 西昌市 | 佑君镇站沟村 6 组 | 34 | 57.8 |
| | 会东县 | 鲁吉镇热水村 2 组, 江畔温泉山庄 | 49 | 49.6 |
| | | 鲁吉镇热水村 1 组, 金沙温泉山庄 | 46 | 32.5 |

注: 表中地理位置来源于地质调查原始资料。

### 6.1.1.3    温室种植

温室种植利用地热露头仅 3 处天然温泉, 均分布在甘孜州康定市雅拉河附近(图 6-11), 总供暖温室面积约 1600m², 地热流体温度为 46～61℃, 流量为 16.4～30.8m³/d。

图 6-11    地热供暖的花圃大棚

### 6.1.1.4    其他用途

其他用途主要指用于当地居民生活用水或小规模生产用水的地热露头, 基本不产生或产生少量经济效益。四川省境内有 15 个天然温泉及 9 个地热井, 共 24 个地热露头用作饮用矿泉水、洗衣等其他用途。

### 6.1.1.5    尚未利用

尚未利用地热点分为天然温泉露头和地热井两种, 前者或因出露位置偏远, 交通不便, 利用成本高等弃置; 或因流体温度、流量等品质不高等使当地居民不愿利用。后者多为医疗保健或地热采暖用途新打的生产井, 因为配套设施等尚未建设完成, 目前尚未使用(图 6-12、图 6-13)。

图 6-12　拟作医疗保健使用的地热井　　　　　图 6-13　拟作地热供暖使用的地热井

## 6.1.2　地热资源开采量现状

### 6.1.2.1　隆起山地型

四川省内隆起山地型地热资源流体开采量为 $3.43 \times 10^{6} m^3/a$，地热流体开采热量为 $4.57 \times 10^{11} kJ/a$，主要分布在川西的甘孜州，川西南的凉山州、攀枝花市以及乐山市、雅安市的部分地区，盆地周边的广元、巴中、达州的部分地区，各县(市、区)地热资源流体开采量及开采热量如表 6-5 所示。

表 6-5　四川省隆起山地型地热资源开采量统计表

| 市(州) | 县(市、区) | 泉(井)个数/个 | 地热流体开采量/(m³/a) | 地热流体开采热量/(kJ/a) |
|---|---|---|---|---|
| 甘孜州 | 巴塘县 | 29 | $8.58 \times 10^{4}$ | $1.23 \times 10^{10}$ |
| | 白玉县 | 19 | $3.14 \times 10^{4}$ | $4.47 \times 10^{9}$ |
| | 丹巴县 | 8 | $2.77 \times 10^{4}$ | $4.05 \times 10^{9}$ |
| | 道孚县 | 9 | $9.31 \times 10^{4}$ | $1.39 \times 10^{10}$ |
| | 稻城县 | 4 | $1.11 \times 10^{5}$ | $2.59 \times 10^{10}$ |
| | 得荣县 | 2 | $1.28 \times 10^{4}$ | $1.26 \times 10^{9}$ |
| | 德格县 | 18 | $7.84 \times 10^{4}$ | $1.23 \times 10^{10}$ |
| | 甘孜县 | 10 | $5.29 \times 10^{4}$ | $8.27 \times 10^{9}$ |
| | 九龙县 | 3 | $7.30 \times 10^{3}$ | $1.50 \times 10^{9}$ |
| | 康定市 | 30 | $1.82 \times 10^{5}$ | $2.93 \times 10^{10}$ |
| | 理塘县 | 35 | $1.59 \times 10^{5}$ | $2.94 \times 10^{10}$ |
| | 炉霍县 | 4 | $2.01 \times 10^{4}$ | $2.54 \times 10^{9}$ |
| | 泸定县 | 8 | $2.06 \times 10^{5}$ | $3.74 \times 10^{10}$ |
| | 乡城县 | 12 | $8.03 \times 10^{4}$ | $1.14 \times 10^{10}$ |
| | 新龙县 | 8 | $3.83 \times 10^{4}$ | $6.26 \times 10^{9}$ |
| | 雅江县 | 2 | $6.57 \times 10^{3}$ | $1.42 \times 10^{9}$ |

续表

| 市(州) | 县(市、区) | 泉(井)个数/个 | 地热流体开采量/(m³/a) | 地热流体开采热量/(kJ/a) |
|---|---|---|---|---|
| 乐山市 | 峨边县 | 2 | $8.03×10^4$ | $1.20×10^{10}$ |
| | 峨眉山市 | 4 | $1.01×10^5$ | $8.83×10^9$ |
| | 马边县 | 3 | $1.10×10^4$ | $9.78×10^8$ |
| 凉山州 | 木里县 | 2 | $2.37×10^4$ | $2.69×10^9$ |
| | 甘洛县 | 2 | $1.43×10^5$ | $9.81×10^9$ |
| | 会东县 | 5 | $1.31×10^5$ | $1.36×10^{10}$ |
| | 会理市 | 2 | $6.23×10^4$ | $3.25×10^9$ |
| | 雷波县 | 1 | $2.56×10^4$ | $3.24×10^9$ |
| | 冕宁县 | 2 | $1.83×10^3$ | $9.17×10^7$ |
| | 普格县 | 2 | $2.19×10^5$ | $1.72×10^{10}$ |
| | 西昌市 | 4 | $1.61×10^5$ | $1.47×10^{10}$ |
| | 喜德县 | 3 | $8.92×10^4$ | $1.27×10^{10}$ |
| | 盐源县 | 3 | $5.85×10^4$ | $2.49×10^9$ |
| | 越西县 | 2 | 0.00 | 0.00 |
| | 昭觉县 | 5 | $6.18×10^4$ | $8.35×10^9$ |
| 眉山市 | 洪雅县 | 3 | $3.33×10^5$ | $3.33×10^{10}$ |
| 攀枝花市 | 米易县 | 2 | $5.48×10^3$ | $3.52×10^8$ |
| | 盐边县 | 2 | $1.31×10^4$ | $1.61×10^9$ |
| 雅安市 | 石棉县 | 5 | $9.34×10^4$ | $1.48×10^{10}$ |
| | 雨城区 | 1 | $5.48×10^4$ | $1.39×10^{10}$ |
| 成都市 | 彭州市 | 1 | $5.77×10^4$ | $6.48×10^9$ |
| | 大邑县 | 1 | $8.03×10^4$ | $1.69×10^{10}$ |
| | 崇州市 | 1 | $2.92×10^4$ | $6.02×10^9$ |
| 阿坝州 | 茂县 | 1 | $5.48×10^3$ | $3.75×10^8$ |
| | 汶川县 | 1 | 0.00 | 0.00 |
| 巴中市 | 南江县 | 1 | 0.00 | 0.00 |
| 广元市 | 旺苍县 | 1 | $7.30×10^3$ | $8.00×10^8$ |
| 达州市 | 万源市 | 1 | 0.00 | 0.00 |
| 宜宾市 | 珙县 | 1 | $2.92×10^4$ | $3.22×10^9$ |
| | 筠连县 | 6 | $9.13×10^4$ | $7.87×10^9$ |
| | 长宁县 | 2 | $1.10×10^5$ | $9.42×10^9$ |
| 阿坝州 | 黑水县 | 1 | $1.10×10^4$ | $1.59×10^9$ |
| | 理县 | 2 | $8.76×10^4$ | $1.80×10^{10}$ |
| | 马尔康市 | 1 | $1.83×10^3$ | $2.80×10^8$ |
| | 壤塘县 | 1 | $5.48×10^3$ | $5.80×10^8$ |
| | 若尔盖县 | 2 | $5.48×10^4$ | $9.67×10^9$ |
| | 松潘县 | 1 | 0.00 | 0.00 |
| 合计 | | 281 | $3.43×10^6$ | $4.57×10^{11}$ |

### 6.1.2.2　沉积盆地型

四川盆地内主要的热储层为三叠系雷口坡组、嘉陵江组碳酸盐岩热储以及二叠系茅口组碳酸盐岩热储。沉积盆地型地热资源流体总开采量为 $3.97×10^5 m^3/a$，总开采热量为 $5.21×10^{10} kJ/a$，开采利用程度极低。

#### 1. 三叠系雷口坡组、嘉陵江组热储层

四川盆地内目前开采三叠系热储层地热资源的主要有龙门山前山地区的广元市、绵阳市，盆地中部的遂宁市、乐山市以及自贡市，以及盆地东部的达州市、广安市，地热流体总开采量为 $3.71×10^5 m^3/a$，总开采热量为 $4.84×10^{10} kJ/a$。盆地内三叠系热储层地热资源开采量极小，其地热资源开采情况如表 6-6 所示。

表 6-6　四川省三叠系雷口坡、嘉陵江组热储层地热资源开采统计表

| 市(州) | 县(区) | 井(泉)点个数/个 | 开采量/(m³/a) | 开采热量/(kJ/a) |
|---|---|---|---|---|
| | 利州区 | 1 | $7.30×10^3$ | $7.42×10^8$ |
| 广元市 | 昭化区 | 1 | 0.00 | 0.00 |
| | 剑阁县 | 2 | $7.30×10^4$ | $1.32×10^{10}$ |
| 绵阳市 | 北川县 | 1 | 0.00 | 0.00 |
| | 安州区 | 1 | $6.97×10^3$ | $7.21×10^8$ |
| 遂宁市 | 大英县 | 1 | $7.30×10^4$ | $1.29×10^{10}$ |
| 乐山市 | 市中区 | 1 | 0.00 | 0.00 |
| | 犍为县 | 1 | $7.30×10^4$ | $5.34×10^9$ |
| 自贡市 | 大安区 | 1 | $5.11×10^3$ | $1.91×10^8$ |
| 广安市 | 邻水县 | 2 | 0.00 | 0.00 |
| | 宣汉县 | 1 | $1.10×10^4$ | $2.27×10^9$ |
| 达州市 | 开江县 | 2 | $8.76×10^4$ | $1.12×10^{10}$ |
| | 达川区 | 2 | $3.36×10^4$ | $1.83×10^9$ |
| | 大竹县 | 1 | 0.00 | 0.00 |
| 合计 | | 18 | $3.71×10^5$ | $4.84×10^{10}$ |

#### 2. 二叠系茅口组热储层

四川盆地内目前开采二叠系茅口组热储层主要分布在盆地中、南部的乐山市、宜宾市以及泸州。地热流体总开采量为 $2.56×10^4 m^3/d$，总开采热量为 $3.70×10^9 kJ/a$。四川盆地内二叠系热储层地热资源开采量极小，甚至小于三叠系热储层的资源开采量，或与埋藏深度和社会经济条件有关，其地热资源开采情况如表 6-7 所示。

表 6-7    四川省二叠系茅口组热储层地热资源开采统计表

| 市(州) | 县(市、区) | 井(泉)点个数/个 | 开采量/(m³/a) | 开采热量/(kJ/a) |
|---|---|---|---|---|
| 乐山市 | 峨眉山市 | 1 | 0.00 | 0.00 |
| | 犍为县 | 1 | 0.00 | 0.00 |
| 宜宾市 | 屏山县 | 2 | 1.10×10⁴ | 1.74×10⁹ |
| | 翠屏区 | 1 | 0.00 | 0.00 |
| | 高县 | 1 | 7.30×10³ | 2.96×10⁸ |
| 泸州市 | 泸县 | 2 | 0.00 | 0.00 |
| | 合江县 | 1 | 0.00 | 0.00 |
| | 纳溪区 | 1 | 0.00 | 0.00 |
| 达州市 | 开江县 | 1 | 7.30×10³ | 1.66×10⁹ |
| 合计 | | 11 | 2.56×10⁴ | 3.70×10⁹ |

# 6.2    地热勘探开发典型案例

## 6.2.1    裂隙型带状热储

### 6.2.1.1    榆林温泉

康定榆林温泉位于康定市城南榆林河上游东岸,属甘孜州康定市榆林街道。康定榆林地区前期热矿泉水的开发利用主要是利用热矿泉水的天然露头,自然溢出的热矿泉水因地制宜地开发利用,随旅游业的纵深发展,天然溢出的热矿泉水已不能完全满足旅游高峰时的需求,为进一步扩大旅游开发规模,在榆林地区先后实施了 3 个地热井钻探,出水温度为 84～190℃(图 6-14、图 6-15)。

图 6-14    榆林小热水地热井(一)

图 6-15　榆林小热水地热井(二)

1. 地质背景

康定榆林医疗热矿泉水水源地在区域构造上位于四川西部"Y"形构造邻近交会处,康定-磨西断裂构造西侧上游断层上盘。本次成井的两个热矿泉井井位均处于上游断层上盘的榆林河向斜,矿泉井开凿于上游断裂、鲜水河断裂和折多山断裂之间的一楔状地块上。

该区属新构造运动强烈区,区域内地质构造复杂,断裂发育,岩层破碎,利于地下水的活动,加之区域构造活动频繁,活动性断裂由于多次活动,构造先后叠加,破坏程度加剧,使岩层裂隙率增大,透水性增强,利于地下水的富集、运移,为深部热矿泉水的赋存提供了基础条件。本次成井的热矿泉水(井),介于鲜水河断裂带上,该断裂规模宏大,影响范围广、深度大,同时又是活动性断裂,有资料显示该断裂部分裂隙沟通了深部的特殊热源,构成地下水在深部的循环系统,是地下热流上溢的通道,亦是榆林地区地下热矿泉水重要的热流来源。

2. 热储及盖层特征

热矿泉水(井),含水层和上部隔水隔热盖层,其岩性均为燕山期—喜马拉雅期岩浆岩,从录井资料可以看出,钻遇地层中,上部的漂石胶结堆积层,其岩性成分以花岗岩为主,夹有少量辉绿岩,由于岩性胶结呈致密状,基本不透水,从而形成含水层上部的隔水隔热的保温盖层,下部的岩浆岩,由于构造的破坏作用,岩层破碎,裂隙发育,其中的破碎带和裂隙系统,则形成热矿泉水的储水储热层。因而,本次成井的热矿泉水(井),热矿泉水埋藏于岩浆岩地层中,岩浆岩中的构造破碎带以及岩层中的裂隙系统和上部胶结致密的盖层,共同构成的双层结构,直接控制了热矿泉水的水热储层条件。

3. 水化学特征

榆林热矿泉水水化学类型为 $Cl \cdot HCO_3$-Na 型,pH 为 9.0,总含盐量为 2140.6～2170.9mg/L,偏硅酸含量为 277.6～294.4mg/L,硫化氢含量为 9.83～9.98mg/L,锂含量为3.20～3.235mg/L,氟含量为 10.17～11.87mg/L,此外偏硼酸及其他有益元素含量较多。

#### 4. 成因机制

补给来源主要是大气降水、冰雪融水和地表水。区内年均降水量为 795mm，并随海拔升高而增大，较为丰沛。另外，水源地周围的高山海拔为 4000～5000m，终年冰雪覆盖，夏季有丰富的冰雪融水。大气降水和冰雪融水沿构造断裂裂隙系统入渗成为地下水进行深部循环，在循环的过程中，与来自深部的"蒸汽蒸馏"状的高温高压热流产生混合作用，并进行水热交换、离子交换、溶滤、吸附等复杂的热物理、化学作用，生成了康定榆林地区特定水化学特征的高温热矿泉水，当凿穿热矿泉水层盖层后，即喷涌而出，形成现今的医疗热矿泉水。

### 6.2.1.2　卡辉温泉

卡辉温泉(图 6-16)位于理塘奔戈乡盆地南侧，是川西高原地热区内的典型温泉之一。理塘盆地是沿着无量河发育的一个第四系断陷盆地，大体呈长三角形，理塘县城附近最宽约 9km，长约 28km，盆地中心海拔约 3980m，对应的沸点为 87.3℃，盆地无量河河谷及支沟中有十多处水热显示区。均以面状泉群形态出现，温泉水无色、透明、微咸、具臭鸡蛋味，有间歇性冒泡现象，温度为 55～83℃。泉群均位于斜坡中部，泉口在沟谷较平缓处出露，泉口形态杂乱无章，上方为坡残积，坡体下方由于冲刷及氧化作用形成红褐色的块石，块石最大直径约为 2m，岩性主要为板岩。泉口下方均有泉华分布，总流量为 56L/s，温度、流量较稳定，年际动态变化小。

图 6-16　卡辉温泉泉口

1. 地质背景

理塘卡辉温泉群位于帽合山背斜核部近东翼，是多个断裂的交会地带，其内广布中下三叠统砂板夹碳酸盐岩地层，并且南侧有侵入岩岩株和庞大的岩带出露。断裂为深部热源提供了通道，由于断裂、裂隙的沟通，地下深处的较高地热能通过地下水在地壳内的深循环加热释放。断裂复合部位成为区内热水活动中心。同时，区内侵入岩发育，岩浆岩分布广泛，以印支期侵入岩为主，有少量的燕山期侵入岩，特别是燕山期岩浆体的供热是区内地热资源形成的一个重要热源。另外，侵入岩(特别是花岗岩)中所含放射性元素衰变释放的热也会提供部分热能，从而成为热源的一部分。

2. 热储及盖层特征

理塘县是多条断层交会、切割形成的断陷盆地，因此是多个断裂的交汇地带，在断陷盆地内由于断裂切割，岩体破碎，并且部分断裂具有活动性，导致岩体内部裂隙纵横交错，为地下水的储存提供了良好的通道和空间。因此，区内下三叠统砂板岩夹碳酸盐岩地层及断裂破碎带共同构成调查区的热储层。

温泉区所处的理塘盆地主要为湖积物，盆地边缘主要为冰碛物，组成主要有含泥质、钙质胶结物及黏土层等细颗粒物质，厚度最厚达 300m。细颗粒物质处于半胶结、胶结状态，透水性弱，成为天然的良好隔热隔水盖层。

3. 水化学特征

热矿泉水均属于碱性泉、极软水、淡矿弱渗泉。地下水水化学类型主要为 $HCO_3 \cdot SO_4$-Na、$HCO_3$-Na 型，为含硼的氟、硅、硫化氢水和含硫化氢、硼的氟、硅水。

4. 成因机制

结合地质构造条件和产出特征，地下水主要接受大气降水的渗入补给，沿断层破碎带、构造节理裂隙下渗，向深部运移，运移过程中接受地温加热，同时在深部遇印支期花岗岩，接受花岗岩余热和放射性热源加热。沿花岗岩与围岩的接触面继续运移，在区域水动力作用下，沿着有利的深大断裂所形成的通道上升，上升到地层浅部时，可能与浅层松散岩类孔隙冷水混合，使温度有所降低，在适宜地方出露地表，形成温泉。

### 6.2.1.3　热坑沸泉

巴塘茶洛乡热坑沸泉(图 6-17)位于甘孜州巴塘县茶洛乡巴曲河右岸热坑地区，是川西高原地热区内的典型温泉之一。

热坑沸泉泉群位于河床海拔为 3520~3600m 的巴曲河两岸谷坡，地形坡度为 15°~40°，沿沟谷两侧呈线性带状展布，延伸长度约为 1000m，宽度为 100~200m，面积约为 0.15km²，泉眼达上百处，分布近者低者处于河边，远者距河百米(平距)，高者在水面以上 50 多米(垂距)。泉口主要由坡残积、漂卵砾石及基岩强风化带组成，泉口下方有大量的钙华胶结，高差约为 50m，厚度最大达 3m。泉水多高于当地沸点，剧烈沸腾，有沸喷泉、大量沸泉、喷汽孔、冒汽地面、热温泉以及间歇性喷泉，两次喷出时间间隔约为 10

分钟，喷出持续时间约为 1 分钟，最大喷出高度约为 4.5m，一般为 1~3m，并有大量气体溢出，流量为 8.39L/s。

图 6-17　热坑沸泉

1. 地质背景

附近发育众多近南北向断层，泉区的巴曲河段又被一北东东向的横断裂穿过，错开了近南北向的断裂，泉区正位于两组断裂交切部位，沿深部的断裂面与热储岩层形成溶洞与裂隙，构成地下热水的热储空间和径流通道。其热源一是已消减的部分地壳熔融，二是下行板块表面上的摩擦生热，三是放射性元素衰变生热。总体上印支期以来该区强烈的岩浆活动为地热的出露提供了深部热源。

2. 热储及盖层特征

出露地层为三叠系曲嘎寺组（$T_3q$）、图姆沟组（$T_3t$）的灰岩、变质砂板岩和石英质砾岩，断裂及断裂破碎带构成该区主要的热储层，其上完整基岩地层构成相对隔水隔热的盖层。

3. 水化学特征

该沸泉水无色、透明、微咸，有大量气体溢出，并伴有浓烈臭鸡蛋气味，温度为 87~89℃，pH 为 9.5，总含盐量（total dissolved solid，TDS）为 756.9~1316.7mg/L。

4. 成因机制

大气降水和冰雪融水是区内热矿水的主要补给来源。大气降水和冰雪融水在地势较高的补给区入渗补给，形成分布广泛的基岩裂隙水和岩溶裂隙水；部分浅层地下水继续向较深部位运动，通过破碎的岩体的裂隙系统汇集到各种断裂带或岩体接触带；再由这些通道进一步向更深部运动，在此过程中逐渐吸收围岩热量和进行水岩交换反应，并在深部接受热源加热而形成不同温度且具有一定化学特征的地热流体，还积累了较丰富的运动势能；这类地热流体在区域水力系统的驱动下又沿着有利的对流通道上升，在适宜的构造"窗口"和水动力条件下出露地表，成为各种类型的地热显示。图 6-18 为热坑沸泉成因模式示意图。

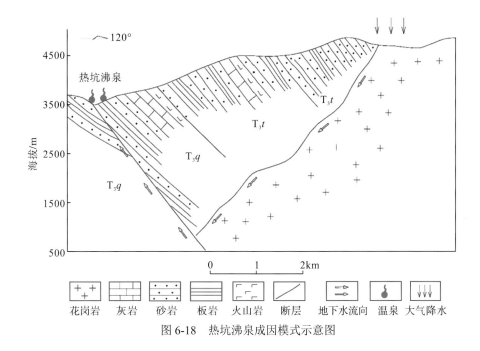

图 6-18　热坑沸泉成因模式示意图

从茶洛沸泉存在间歇喷泉的现象来看，虽区域内没有现代或近代火山活动，但有强烈水热活动的热源。这一现象可用地下浅处有尚未冷却的岩浆侵入体来解释，也可认为地幔热沿超岩石圈断裂上行而形成。

### 6.2.1.4　古尔沟温泉

古尔沟温泉位于四川省阿坝州理县古尔沟镇古尔沟村，是川西北高原地热区内天然出露的典型温泉(图 6-19)。泉口水温为 62℃，流量约为 10.45L/s。泉口下游有后生胶结的硅化砾岩，现在主泉口已封闭引流，主要用于华美达温泉度假酒店，部分用于镇上的古尔沟温泉酒店和其他小商家用于旅游和医疗保健。

图 6-19　古尔沟温泉

1. 地质背景

泉群构造部位为米亚罗断裂北北西向分支正断层的东侧边缘，其基岩破碎，存在沿横沟延伸的含水裂隙带，与分支断裂带连通性较好。泉出露处有 5.5m 厚的覆盖层，其下为三叠系新都桥组的变质砂岩和薄层板岩、千枚岩不等厚韵律厚层，岩石硅化强烈，揉肠状石英细脉密集穿插，水热蚀变明显。泉群上游 1.2km 处出露印支期—燕山期花岗岩侵入体，由于侵入岩体的深部顶托，变质岩体张性裂隙发育。

2. 热储及盖层特征

泉域基岩出露地层为上三叠统侏倭组（$T_3zh$），主泉处见石英脉断错现象。古尔沟两岸岩层产状变化大，河流右岸局部岩层产状反倾，其间发育东西向张性断裂和三家寨压扭性断裂，二者同为米亚罗断裂的次级断裂构造，与燕山期侵入的老君沟花岗岩岩体直接产生联系，属于外接触带或深部顶托张裂系统。上覆的三叠系砂板岩盖层起着隔水和热屏蔽作用。

3. 水化学特征

该温泉无色、透明，无肉眼可见物，水温为 62℃，水化学成分中偏硅酸（$H_2SiO_3$）含量为 89.92mg/L，氟（F）含量达 1.39mg/L，总含盐量为 190.4mg/L，可命名为含氟的偏硅酸医疗热矿泉水。

4. 成因机制

古尔沟热矿泉水主要受马尔康北西—南东向构造体系之金洞子向斜和米亚罗断层控制，其热储为带状热储，即是以对流传热为主、平面上呈带状延伸、具有有效空隙和渗透性的构造带构成的热储，以构造裂隙水为主，矿泉水具承压性，并以泉形式出露。区内的金洞子向斜褶皱的东北翼的紧密褶皱挤压和具压扭性的米亚罗断裂及其派生的次级张性断裂，为热储的形成与连通创造了背景条件，即为热矿泉水的深部循环提供了空间和通道，是神峰矿泉水的储水和导水构造，热矿泉水沿断裂裂隙网络上升溢出沟谷低势处而形成矿泉。

### 6.2.1.5  海螺沟温泉

海螺沟温泉位于四川西部高山峡谷区的泸定县磨西地区。温泉出露于海螺沟风景区二号营地的热水沟，热水沟是海螺沟的一条支沟，温泉位于热水沟右岸斜坡上，距热水沟沟口约 200m（图 6-20）。泉口海拔为 2482m，高出热水沟沟底 20 余米。泉口为面积为 1.5m$^2$ 的不规则泉函，水温高达 89～91.5℃，流量为 8.74～10.21L/s。

1. 地质背景

海螺沟温泉地处北西向磨西区域性大断裂以西的贡嘎山菱形隆升地块之上，该区新构造运动强烈，断裂、构造裂隙发育，断裂多切入地壳深部，为地热能上泄的良好通道，水系多沿断裂带发育。该区大气降水较丰沛，冰川雪原广布，地下水补给来源充足，为该区热矿泉水的形成提供了优越的地质-水文地质条件。海螺沟温泉位于南北向毛坪背斜的西翼，北东东向海螺沟断裂北盘的断裂破碎影响带上。

图 6-20　海螺沟温泉

2. 热储及盖层特征

泉水热储层为二叠系下统中段，岩性为灰白色结晶灰岩。盖层主要为第四系松散堆积层、受断裂构造影响热储呈带状。热矿泉水盖层主要为上二叠统砂板岩、片岩地层。

3. 水化学特征

温泉水化学类型为 $HCO_3$-Na·Ca，pH 为 7.8～7.9，总含盐量为为 1129.3～1182.7mg/L，偏硅酸含量为 210～220mg/L，另外，$H_2S$ 气体和锂、氟、偏硼酸等比较稀有的元素和组分含量也较高。

4. 成因机制

补给来源包括大气降水、冰雪融水。海螺沟地区岩体中主要发育两组共轭相交的"X"形构造裂隙，在二叠系下统碳酸盐岩分布区沿构造裂隙和层间裂隙发育成裂隙和岩溶管道。接受丰沛大气降水、冰雪融水、河水补给的岩溶裂隙、构造裂隙水向下做深部循环，在不同深度汇入海螺沟断裂破碎带及影响带，与来自地壳深部的呈"蒸气蒸馏"状的高温高压热流产生混合作用，同时进行热交换、离子交换、溶滤、吸附等复杂的物理、化学作用，生成了海螺沟地区特定水化学特征的高温热矿水，并在适宜的构造、地貌部位溢出，形成热泉(图 6-21)。

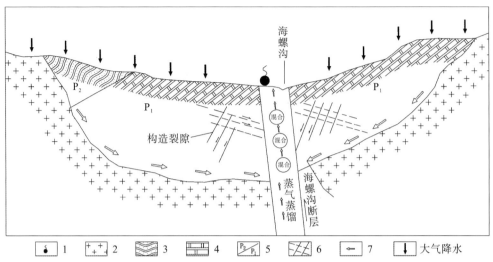

1.温泉；2.花岗岩；3.砂板岩；4.白云岩；5.地层界线与地层代号；6.构造裂隙；7.地下水流向

图 6-21 海螺沟温泉(井)成因模式图

## 6.2.2 裂隙型带状+岩溶型层状热储

### 6.2.2.1 红格温泉

红格温泉位于攀枝花市盐边县红格镇，是川西南地热区内的典型地热点之一，为人工凿井揭露，井深 76.54m，1998 年测得井口水温为 56℃，本次调查测得井口水温为 52℃（图 6-22）。该井允许开采量为 1053m³/d，水质优良，富含多种对人体有益的矿物质。

图 6-22 攀枝花红格温泉(井)

1. 地质背景

该温泉地处康滇南北向构造带与滇藏"歹"字形构造带的复合部位。前震旦系的结晶基底及岩浆岩也广为出露。区内构造复杂，自古生代以来一直处于隆起状态，受地应力作用，构造形变强烈，断裂构造发育，尤以南北向构造为主。区内南北向断裂主要属于昔格达断裂带，由马店河断裂、昔格达断裂、炳山箐断裂和矮郎河断裂等压性、压扭性断裂组成，主要断裂面倾向东或西，倾角为 45°～80°。

2. 热储及盖层特征

温泉热储层主要为深部富水的碳酸盐岩地层，其上大部分被厚 200 余米的新近系昔格达组砂、泥、页岩互层所构成的半胶结、含水介质孔隙率小、透水性差的相对隔水地层所掩盖，昔格达组构成了良好的隔热隔水盖层。

3. 水化学特征

红格温泉水化学类型为 Cl·HCO_3·SO_4-Na 型，pH 为 8.4，总含盐量为 784.4mg/L，为低矿化淡水。

4. 成因机制

红格温泉的热源来自现今仍处于强烈活动阶段的昔格达大断裂深部。大气降水和地表水沿昔格达断裂两侧及邻区广泛出露的震旦系灯影组和观音崖组的岩溶发育的碳酸盐岩地层，垂向补给后形成岩溶水。顺岩溶管道径流进入昔格达大断裂破碎带向下做深部循环。在上升过程中与从碳酸盐岩地层中运移进入断层破碎带进行深循环的岩溶水进行混合、热交换。在热交换的过程中，同时进行离子交换、吸附等热化学反应，从而形成了红格热矿泉水特定的水化学特征。同时热矿泉水通过昔格达断裂破碎带与清门口断裂破碎带的交会部位，于河谷低洼地带多处温泉溢出地表(图 6-23)。

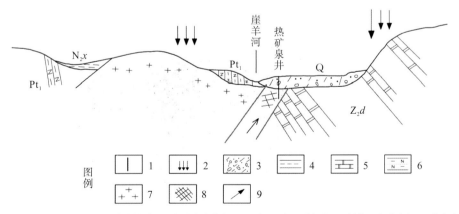

1.热矿泉井(井深 76.54m)；2.降水补给；3.含砾砂质黏土；4.泥岩；5.白云质灰岩；6.板岩、变质砂岩；7.花岗岩；8.断层破碎带；9.地热流体；Z_2d.震旦系灯影组；Q.第四系；Pt_1.古元古界

图 6-23　红格温泉(井)成因模式图

#### 6.2.2.2 螺髻山温泉

螺髻山温泉位于凉山州普格县普基镇,是川西南地热区天然出露的典型温泉之一。泉口水温为 43℃,流量约为 795m³/d,泉口处修建有 4m×4m×5m 的蓄水池,池底有少量黑色淤泥,泉水无色、透明,偏碱性,总含盐量为 0.81g/L(图 6-24)。温泉目前用于洗浴、医疗保健,建有四星级宾馆螺髻山温泉山庄,共有两个温泉浴池,年接待游客约 3 万人次。

图 6-24　螺髻山温泉

1. 地质背景

螺髻山温泉地处川滇南北向构造体系中段,大地构造部位处于扬子准地台西侧的康滇地轴北段中部,属 3 级构造米市-江舟断陷的 4 级构造米市断凹西南部。西昌东西向隐伏断裂由数条断裂组成。北支:姜坡-鸣鹤村断裂组(带),是矿泉水生成的控制性断裂,走向近东西,倾向南,倾角为 70°左右,使断裂北侧林科所供水井的白垩系地层顶界埋深仅9m,南侧四○四鸣鹤基地供水井的白垩系地层顶界埋深达 153.36m,高低相差 144.36m。该断裂属张性在鸣鹤村附近与核桃村断裂斜接,形成泉域构造交汇带。断裂为地下热矿泉水的形成、运移和富集提供了良好的构造条件。

2. 热储及盖层特征

热储层为二叠系茅口组灰岩,寒武系、震旦系的灰岩、白云岩地层,热储层上部透水性差或不透水的粉砂岩、泥岩地层构成隔水隔热盖层。

3. 水化学特征

西昌市螺髻山饮用天然矿泉水有锶、偏硅酸两项指标达到国家标准,温泉水化学类型属 $HCO_3 \cdot SO_4$-Ca 型,pH 为 8.1,总含盐量为 812.6mg/L。

4. 成因机制

温泉处在则木河断裂带附近,岩体中裂隙较发育。大气降水通过断裂破碎带和热储含水层地表露头下渗,通过断层、裂隙和碳酸岩盐地层中的溶隙向深部运移,地下水在深循环的过程中吸收围岩的热量,同时进行一系列水岩交换反应,形成具有一定温度且含有一定矿物元素的热矿泉水,在循环至一定深度之后,受断裂和裂隙控制上涌,在地表以泉的形式从岩层裂隙中出露。

### 6.2.2.3　普格温泉

普格温泉位于凉山州普格县荞窝镇,是川西南地热区天然出露的典型温泉之一(图6-25)。泉口水温为 33℃,流量约为 40L/s。温泉水从岩壁上流下形成温泉瀑布,未见白色、黑色絮状硫化沉积,泉眼附近长有植被、青苔等。温泉目前用于景区旅游开发、洗浴和医疗保健等,年接待游客 2 万~3 万人次。

图 6-25　普格温泉瀑布

1. 地质背景

普格温泉为构造泉,其形成的地质条件为斜皱石灰岩构造。

2. 热储及盖层特征

出露基岩为上寒武统二道水组的白云岩、灰岩的碳酸盐岩地层。泉口所处区域断裂构造发育,岩体较破碎,寒武系二道水组和下部深埋的震旦系灯影组的碳酸盐岩地层都可成为热储含水层。

3. 水化学特征

泉水从地壳深处沿南北走向的断层出露,总含盐量为 241.8mg/L,pH 为 8.1,水化学类型属 HCO$_3$-Ca·Mg 型。普格温泉水含有铁、锰、氟、铜、氢等多种对人体有益的微量元素,泉水无色、无味、无毒、透明,使普格温泉成为不可多得的温泉沐浴疗养胜地。普格温泉被誉为"川西南第一泉",1994 年被评为"四川名泉"。

4. 成因机制

温泉泉眼位于大汶河左岸,悬于岩壁之上约 10m,形成天然温泉瀑布,出露基岩为上寒武统二道水组的白云岩、灰岩的碳酸盐岩地层。泉口所处区域断裂构造发育,岩体较破碎,上寒武统二道水组和下部深埋的震旦系灯影组的碳酸盐岩地层都可成为热储含水层。大气降水通过断裂破碎带和热储含水层地表露头下渗,通过断层、裂隙和碳酸盐岩地层中的溶隙向深部运移,地下水在深循环的过程中吸收围岩的热量,同时进行一系列水岩交换反应,形成具有一定温度的热矿泉水,在循环至一定深度之后,受断裂和裂隙控制上涌至地表排泄。

## 6.2.3　岩溶型层状热储

### 6.2.3.1　麓棠温泉

绵竹麓棠温泉(原绵竹 S1 井)是人工钻凿的温泉井,位于绵竹市麓棠镇,地处龙门山山前与成都平原交接部位(图 6-26)。井深 1888m,涌水量为 672.2～772.2m$^3$/d,水压为1.4MPa,井口水温为 39℃,据物探测井井底温度为 48.3℃。

图 6-26　绵竹麓棠温泉

### 1. 地质背景

麓棠温泉位于龙门山褶皱山地前缘，构造以断层为主，主干断层多为北东向压性阻水断层，倾向山体，包括北东向彭灌断裂、射水河隐伏断层。井区另一主要断层为梅子沟张扭型右旋走滑断层，走向北北西—南南东，断层走向与龙门山区域构造线斜交，断层产状较陡，倾角为80°左右，切割了射水河断层和彭灌断裂等北东向断裂，从绵竹三溪寺梅子沟起沿石亭江向北延伸，向南抵达盆地内部，隐伏于第四系之下，长逾20km。几大主要断层相交于山前，相互切割，岩层裂隙发育，构成良好的地下流体储集、运移通道。此外，通过遥感解译出区内受不同时期应力作用，发育众多北北西、南北和东西向断层，这些断裂在山前与北东向构造交会，形成了十分有利的地下热水储集场地。

### 2. 热储及盖层特征

麓棠温泉热储层主要为上侏罗统莲花口组地层，出露于盆地西、西北部边缘龙门山山区，平原山前地带零星分布，为山麓沉积相，厚度可达1800m左右。岩层产状倾向南东，倾角变化较大，靠近山区较陡，平原区渐缓。根据莲花口组地层出露特征可分为三部分：上部分为灰、浅灰巨厚层状钙质砾岩，揭露于井深23.5～620.5m段；中部为砂岩、粉砂质泥岩互层，揭露于620.5～925.5m段，厚305m，该段富水性较差，为相对隔水层段；下部为巨厚层-块状钙质砾岩，揭露于925.5～1765m段，该段钙质成分含量高，砾岩的砾石成分以灰岩为主，水溶性强，裂隙、溶蚀孔洞发育。1765～1888m段为侏罗系遂宁组地层，含砾砂岩、泥岩，可作为含水层隔水底板。根据钻孔揭露情况，麓棠温泉井下热水主要出水段为下部1556.5～1765m砾岩段，其中于井深1556.5m处发生涌水，流量为613m³/d，水压高出地面1.4MPa，水温为37.0℃。

### 3. 水化学特征

麓棠温泉水化学类型为$HCO_3$-Na型，总含盐量为0.98～1.02g/L，氟含量为5.20～6.50mg/L，偏硅酸含量为24.57～27.0mg/L，此外还含有硫、溴、碘、锶、锂、钡等多种元素，可命名为含偏硼酸、偏硅酸的氟医疗热矿泉水。

### 4. 成因机制

麓棠温泉补给来源于泉域西北、西部彭灌杂岩一带高山区的大气降水入渗补给，地下水沿构造裂隙等通道向深部运移，储集于北东—南西向断裂破碎带中，由于静水压力驱动，沿断裂破碎带向盆地内运移。在正常的地热背景下，地下水接受大气降水补给后，地下水沿岩石裂隙渗入地下，在北东—南西向断层破碎带内储集并向山前盆地运移，随着深度的加深，逐渐被加热，在山前断裂的交会部位，岩石破碎，地下热水上涌，并与近源低温水混合聚集，形成承压含水层，经钻孔揭露溢出地表(图6-27)。

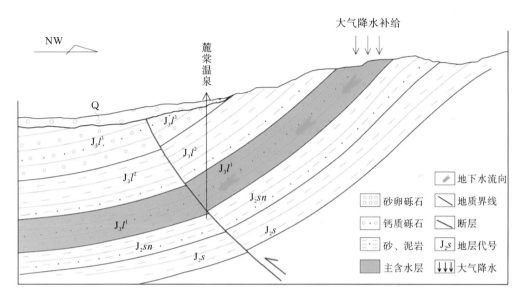

图 6-27　麓棠温泉成因模式

### 6.2.3.2　望丛温泉

郫都区望丛热矿泉水为人工凿井揭露，系西南石油地质局于 1999 年初为勘查浅层油气而施工的勘探孔之一——川昌 606 号井，井深 1930m。该井地处成都冲洪积平原中部，位于郫都区郫筒街道。水温为 41～42.5℃，出水量为 210m³/d。

1. 地质背景

望丛温泉井地处成都平原地腹中心部位，具体位于成都平原中央凹陷东南部，主体褶皱为彭州-唐昌向斜，轴部走向北东 25°～35°，向斜轴通过竹瓦铺附近。向斜因受北西向主应力作用，北西翼陡，南东翼平缓。北西翼轴部附近为一条与轴向一致的逆断层，断层倾角较陡，为关口隐伏断层。南东翼发育有一条断层，从大邑-新繁通过，为大邑-新繁隐伏断层。望丛温泉井则位于彭州-唐昌向斜的南东翼。

望丛温泉附近沿地表水系方向，发育有北西向隐伏断裂。成都平原位于新华夏构造体系龙门山隆起褶带和川西褶带之间，受北东—南西构造应力挤压作用，主体构造走向北东，而盆地内垂直构造线方向，发育北西—南东向张性断裂构造。

2. 热储及盖层特征

望丛温泉热储层主要为白垩系天马山组（$K_1t$）及侏罗系蓬莱镇组（$J_3p$）地层。根据钻井揭露情况，在井深 1087.5～1616m 段为白垩系天马山组（$K_1t$），上段上部以泥岩为主夹砂岩，下部以块状砂岩为主夹泥岩；下段上、下部以砂岩为主，中部以泥岩为主夹砂岩；井深 1616～1930m 段为上侏罗统蓬莱镇组（$J_3p$），该层以灰、灰紫色泥质页岩、泥岩夹薄层砂岩为主。据钻进施工录井资料：在埋深 1461～1469m、1500～1513m、1523～1582m 三段白垩系天马山组地层和 1782～1787.5m 侏罗系蓬莱镇组地层，均为砂岩层，孔隙较发育，渗透性较好，含水特征明显。

白垩系天马山组(K₁t)及侏罗系蓬莱镇组(J₃p)地层之上，覆盖有近1000m厚的第四系、灌口组(K₂g)及夹关组(K₂j)砂岩、泥岩地层，由于层间黏土物质和泥岩等相对隔水层的存在，其相互间没有明显的水力联系，构成了望丛温泉良好的保温隔水盖层。

3. 水化学特征

望丛温泉水化学类型为 $HCO_3$-Na 型，pH 为 6.6，总含盐量为 14.07g/L。

4. 成因机制

温泉地处彭州-唐昌向斜的南东翼，距向斜核部约 10km，补给来源主要为通过断裂带的下渗补给，其次为北西方向，沿含水层层间运移，经向斜轴部向南东翼运动，组成补给、径流、排泄水循环系统。在深循环过程中，地下水随深度加热增温，并不断吸收热量，同时与围岩发生离子交换、溶滤、吸附等物理化学作用，最终形成具一定水化学特征的深部热矿泉水(图 6-28)。

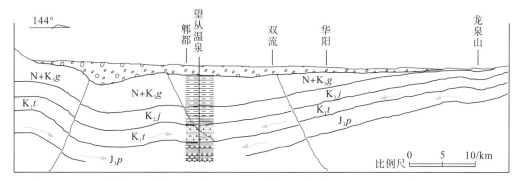

图 6-28 望丛温泉补、径、排特征

### 6.2.3.3 香颂湖温泉

香颂湖热矿泉水为人工凿井揭露，井深 1902m。该井位于都江堰市青城山镇清江社区金马河右岸，距翠月湖公园约 300m，水温为 39℃，出水量为 114.71 $m^3/d$(图 6-29)。

图 6-29 香颂湖温泉

1. 地质背景

成都平原在区域构造上，处于我国新华夏系第三沉降带——四川盆地西缘的龙门山隆起褶带，雾中山褶断带与龙泉山褶断带之间，为复式向斜构造区，具断陷盆地特征。位于西部边缘构造带靠近中央凹陷的部位即成都平原复式向斜北西翼，西部边缘构造由一系列北东走向的不连续梳状背斜、向斜和北东向、南北向隐伏断裂构成，褶曲东翼陡，西翼缓，一般西翼为 $10°\sim25°$，东翼为 $20°\sim90°$，构造面大都倾向北西，如悦来金马场背斜等。根据航卫片遥感解释、结合物探、钻探等资料，附近主要存在北东向、南北向及北西向等多组断裂构造。

正是以上众多断裂带的存在，形成了地下水运移的良好通道，上部地下水沿着张性断裂和压扭性断裂影响带层间裂隙等，源源不断补给地下岩体，并向深部运移赋存，吸收围岩温度，与围岩产生离子交换，溶解可溶盐等逐渐汇集从而形成热矿泉水。

2. 热储及盖层特征

香颂湖热矿水主要储热层为下白垩统天马山组 $(K_1t)$ 和上侏罗统蓬莱镇组 $(J_3p)$ 泥岩夹砂岩、粉砂岩含水层。其埋藏深度正好为 $1000\sim2000m$，特别是在天马山组和蓬莱镇组上段砂岩夹层较多，有利于作为热矿泉水储水层。热储层在地表广泛出露于龙门山、雾中山前山地带，如蒲阳到关口以西北及青城后山泰安至崇州九龙沟一带，出露高程为 $700\sim1000m$。出露地段基岩裸露至半裸露，裂隙发育，植被茂盛，较有利于大气降水及地表水的入渗补给。

热储盖层有第四系、古近-新近系、上白垩统等，第四系更新统广泛分布于热储层上部，总厚度可达 1000 余米，形成良好的隔水保温层。

3. 水化学特征

温泉水化学类型为 Cl-Na 型，总含盐量为 $18.6\sim24.19g/L$，pH 为 $7.1\sim7.68$，锶含量为 $73.66\sim82.37mg/L$，碘含量为 $8.7\sim9.5mg/L$，铁含量为 $18.36\sim29.8mg/L$，偏硼酸含量为 $4.4\sim5.15mg/L$，总硫化氢含量为 $1.04\sim1.58mg/L$，锂含量为 $1.115\sim1.14mg/L$，另外还有氟、溴、钡等有益的微量组分，属于含偏硼酸、硫化氢、锂的碘、锶、铁医疗热矿泉水。

4. 成因机制

温泉地处成都平原西侧，构造部位属成都断陷盆地西缘，位于大邑-彭州断裂和中兴-聚源北东断裂之间。热矿泉水产于 $805\sim1902m$ 的下白垩统天马山组 $(K_1t)$，上侏罗统蓬莱镇组 $(J_3p)$ 中上部砂泥岩地层中，上覆有第四系砂卵石层、古近-新近系、上白垩统灌口组、夹关组等砂泥岩夹砾岩等地层。由于上覆地层和下覆地层均为含泥质岩较多的地层，分别构成了良好的隔水顶板和底板，起到良好的保温和隔热效果。热矿泉水主要接受大气降水在平原区和西部龙门山前山地带露头区的补给，并沿平原的断裂带、岩层构造裂隙及层面裂隙等向深部入渗形成地下水深循环，在深部地压地热的作用下与围岩产生水热交换、相互交融，经人工揭露形成热矿水。

### 6.2.3.4　鱼凫温泉

鱼凫温泉(温江金泉一井)热矿泉水,位于成都市温江区金马街道,水温为 38.0℃,出水量约为 1247.9m³/d(图 6-30)。

图 6-30　温江鱼凫温泉

**1. 地质背景**

鱼凫温泉位于成都平原腹地中心部位成都断陷内,大地构造上处于新华夏系第三沉降带——四川盆地的西缘,龙门山褶皱带、雾中山褶皱带和龙泉山褶皱带之间。成都断陷是一个巨大的断陷盆地,广布第四系地层。其西缘为邛崃-大邑-彭州隐伏断裂,呈北东向伸展,倾向北西,与东缘龙泉山断裂对冲,中间相对下陷;东缘为龙泉山断裂,走向北北东向,倾向南东,为张扭性断裂,北西盘往北东斜落。断陷西陡东缓,基底起伏,两侧发育有隐伏断层。断陷迄今仍显示沉降特征,新构造运动较为活跃。

**2. 热储及盖层特征**

热储层为 925～1310m 的白垩系夹关组、天马山组孔隙裂隙层,含水层出水层段厚 116m;其隔水顶板为埋深 925m 上白垩统灌口组以泥岩为主的砂泥岩,基本不透水,隔热隔水性能良好,形成热储盖层,隔水底板为埋深 1310m 的上侏罗统蓬莱镇组泥质粉细砂岩、粉砂岩、页岩互层,为热储层下部相对隔水底板,隔热隔水性能良好。

**3. 水化学特征**

温泉水化学类型为 $SO_4 \cdot Cl-Na$ 型,总含盐量为 12.64～14.44g/L,锶含量为 9.24～10.23mg/L,氟含量为 0.01～5.40mg/L,偏硼酸含量为 4.40～10.80mg/L,pH 为 7.0～7.86,可命名为含偏硼酸的锶医疗热矿泉水。

4. 成因机制

温泉含水层段埋深于 925～1310m 的白垩系砂岩、砾岩孔隙裂隙层间含水层中，含水层出水层段厚 116m。深埋之地下水，其径流循环滞缓，水文地球化学作用使地下水中矿物质增多，地热增温使其水温增高，从而形成深部储存的地下热矿泉水。其补给来源为区域东南红层浅层风化带裂隙水和层间构造裂隙水。这些基岩裂隙水顺层间裂隙岩层面，经深层长途运移，形成由单斜构造控制的深层地下水的富集环境。

### 6.2.3.5　花水湾温泉

花水湾温泉距大邑县城直线距离约 26km，行政区划上属于大邑县西岭镇花石村（图 6-31）。为人工钻井揭露，该地热井原为 1971 年建成的一石油勘探井，废井封井后，四川省大邑温泉开发总公司于 1994 年委托四川省石油管理局川东石油钻井公司对其进行捅井，井深 2801.3m，出水温度为 68℃，允许开采量为 4312m$^3$/d，实际日开采量为 350m$^3$/d，主要用于康养旅游和医疗保健。

图 6-31　花水湾温泉

1. 地质背景

花水湾温泉位于四川盆地西北边缘山地——雾中山区，临近井口的山脊线主峰（马头岗）海拔为 1889m，河床侵蚀基准面海拔为 510m 左右，相对高差为 1379m。地质构造上处于大川-灌县-江油冲断层东南侧，雾中山背斜西南倾没端轴部。雾中山南东翼地层倾角为 55°～85°；北西翼地层倾角为 36°～44°。

2. 热储及盖层特征

热储层为中三叠统雷口坡组（T$_2$l）碳酸盐岩地层，岩性以白云岩和石灰岩为主，热储层埋深 1882～2500.23m，厚度为 618.23m，溶隙、裂隙较发育，为地下水的运移和储集提供了良好的空间，是本区主要热储层。盖层由三叠系须家河组石英砂岩、岩屑砂岩，小塘子组砂泥岩互层和跨洪洞组砂泥岩互层共同组成，总厚度为 1882m。其地层孔隙率和渗透率低、厚度大、层位稳定、分布广、完整性好，具有良好的阻水、隔热作用，构成了一个厚大的隔水隔热盖层。热储层下伏隔水保温层为下三叠统飞仙关组碎屑岩夹碳酸盐岩地层，能有效防止热储层的地热水继续往下渗透、流失，从而起到隔水保温的作用。

3. 水化学特征

花水湾温泉水化学类型为 $Cl \cdot SO_4$-Na 型，pH 为 6.3，总含盐量为 10g/L，为中等矿化水。

4. 成因机制

花水湾温泉属于四川沉降盆地深埋型地热资源，产自川西凹陷盆地褶断隆起的雾中山背斜深部三叠系碳酸盐岩地层之中。在露头区，地下水受到大气降水和地表水的补给，沿着断裂远距离或者由深大断裂沟通与深部较发育的岩溶连通下渗，形成地下热水径流，呈封闭式纵向径流循环。由于埋深大，径流速度缓慢，易溶解岩石圈中多种物质成分，加之石灰岩、白云岩热导率高，岩溶裂隙发育，形成了既有一定温度，又有相当压力，水量丰富且含有多种有益元素的地下热矿泉水，并在地下深部储存。当钻探达到相应深度和相应的层位时，地下热矿泉水由人工钻井开采而获取。

### 6.2.3.6　七里坪华生温泉

七里坪华生温泉位于四川省眉山市洪雅县高庙镇，是盆周山地地热区内的典型地热井之一（图 6-32）。该井井深 2516m，井口温度为 38℃，流量为 906m³/d，其水质无色、透明，pH 为 6.5，总含盐量为 0.37g/L，主要用于旅游疗养洗浴和温泉地产的开发。

图 6-32　七里坪华生温泉

1. 地质背景

七里坪华生温泉位于黑山埂背斜北东翼、六道河断层最北端，出露于二叠系峨眉山玄武岩组地层中。

2. 热储及盖层特征

热储层为寒武系洗象池组-九老洞组和震旦系上统洪椿坪组的石灰岩和白云岩含水层的地热水，厚度约为1800m；热储盖层为二叠系峨眉山玄武岩和下奥陶统页岩、泥岩隔水层的地层，厚度约为707m。

3. 水化学特征

华生温泉水富含偏硅酸、氟。水温为38℃，pH为6.5，水化学类型为$SO_4$-Ca·Mg型。

4. 成因机制

温泉处于黑山埂背斜北东翼，属于单斜自流斜坡地带，而东侧靠近李家山向斜核部，补给径流条件好；六道河大断裂为近南北向(北北东向)压扭性断裂，断裂规模大，断裂破碎带及影响带宽、深度大，切穿了震旦系和震旦系以新的地层，沟通了深部不同含水层之间的水力联系，形成了良好的地下水补给、径流通道；六道河大断裂之西侧，大片出露震旦系洪椿坪组和寒武系的石灰岩和白云岩。碳酸盐岩分布区岩溶发育、降水丰沛，大气降水垂向补给地下水，形成的浅层岩溶水顺倾向及岩溶管道径流进入断裂破碎带，向深部运移，补给深部包括震旦系、寒武系在内的不同含水层段；在向深部径流的过程中，吸收围岩温度和可溶盐，水温增高，并形成具有一定化学特性的热矿水。

### 6.2.3.7 周公山温泉

周公山温泉位于四川省雅安市雨城区周公山镇新民村四组(图6-33)。该井成井于1994年，为油气废旧井，2000年经过二次风险钻探改造而成为地热井。终孔于下二叠统茅口组地层，井口水温为78℃，允许开采量为5076m³/d，实际日开采量为450m³/d。水温、水量、水质动态稳定，用于旅游和医疗保健。

1. 地质背景

周公山温泉位于周公河支沟——柳家沟右侧，大地构造位于扬子准地台西缘所辖的雅安凹褶束。盆地南及西部出露下三叠统和二叠系等老地层，轴部出露中生界侏罗系地层的向斜储水构造。

2. 热储及盖层特征

热储层为三叠系雷口坡组、嘉陵江组和二叠系茅口组含水层，三叠系热储层厚度为965.5m，顶底板标高为-1041m、-2006.5m；二叠系茅口组含水层未揭穿，只开采了10m厚度的含水层，顶板标高为-2699m。三叠系热储层的盖层为侏罗系和三叠系须家河组的沙泥页岩，厚度为1807m，顶底板标高为766m、-1041m；二叠系茅口组热储层盖层为下三叠统飞仙关组和上二叠统峨眉山玄武岩组地层，厚度为 692.5m，顶底板标高-2006.5m、-2699m。

图 6-33 周公山温泉

3. 水化学特征

周公山温泉水温为 79℃，pH 为 7.4，TDS 为 17223.6mg/L，水化学类型为 Cl-Na 型，为含碘的溴、锂、锶、氟、偏硼酸、硫化氢、偏硅酸医疗热矿水。

4. 成因机制

温泉周边受到东西向的挤压力作用，形成南北向，从东到西构成逐渐抬升的断裂群，并经受多期构造运动，在构造应力的作用下断裂相互交叉切割，使老地层多形成棋盘格式构造形迹和一系列大小断块。构造作用使脆硬的碳酸盐岩裂隙发育，在地下水作用下溶隙、溶洞甚至暗河得以充分发育，多见溶蚀洼地、溶孔溶洞，为热水含水层储存地下水和地下水的补给、运移、径流创造了十分有利的条件。地下水在溶蚀地貌发育的地表露头区接受充沛的大气降水补给，沿岩溶的溶隙、管道径流循环，并由西向东顺层面向凹褶盆地回水，在此过程中，地下水吸收地热能，按地温梯度增温，并与围岩发生水岩交换，形成富含多种微量元素和有益成分，具有特定水化学特征的医疗热矿泉水(图 6-34)。

### 6.2.3.8 罗浮山温泉

罗浮山温泉位于绵阳市安州区桑枣镇，井深 1700m，井口水温为 41℃，自流量为 800m³/d，抽水可开采水量达 3056m³/d，水温、流量动态稳定(图 6-35)。

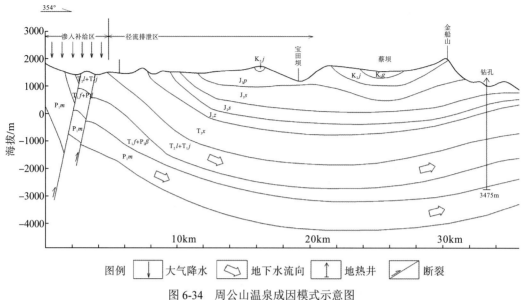

图 6-34  周公山温泉成因模式示意图

图 6-35  罗浮山温泉

1. 地质背景

温泉位于龙门山前逆冲推覆构造带中段与盆地舒缓褶皱区的交界处,热矿泉水取自埋深 1238~1700m 的雷口坡组碳酸盐岩含水层中,该处地温梯度约为 2℃/100m。

2. 热储及盖层特征

三叠系雷口坡组碳酸盐岩地层即为该井热储层,该地层易为水溶蚀,沿着裂隙网络形成岩溶孔洞、管道乃至溶洞,富水性好,为地下水赋存提供了储水空间,是深部地下水富集的有利岩性层位。上覆中侏罗统和上三叠统须家河组的河湖相泥岩、砂岩、砾岩等碎屑岩沉积,厚度达 1411.5m,构成一个厚大的隔水隔热盖层。

3. 水化学特征

温泉水总含盐量为 14460.9mg/L，水化学类型为 Cl-Na 型，pH 为 8.2，水质优良，富含多种对人体有益的矿物成分，为含碘、偏硅酸的锂、氟、锶、偏硼酸、硫化氢医疗热矿泉水。

4. 成因机制

江油-灌县大断裂以东，沿龙门山山麓的江油以北、都江堰以南地区，三叠系雷口坡组碳酸盐岩呈带状出露，总面积达 1200km²，是深部热储层的补给区，沿龙门山东坡山麓地区，大气降水丰沛，多年平均降水量达 1300～1500mm，补给区接受大气降水入渗补给后，沿岩溶裂隙、管道向自流盆地深部运移、循环，形成承压水，经钻探揭露出露地表(图 6-36)。

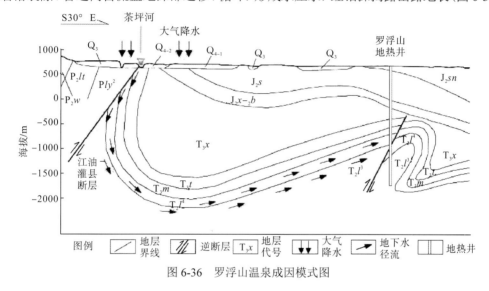

图 6-36　罗浮山温泉成因模式图

### 6.2.3.9　天赐温泉

天赐温泉(图 6-37)位于剑阁县新县城下寺镇，紧邻成广高速公路、宝成铁路、国道 108 及省道 212，北距广元市约 30km，南距绵阳市 155km，距成都 280km，紧邻剑门关国家重点风景名胜区，其旅游区位优势明显，具有较高的开发价值和较大商业潜力。该井井深 2227m，井口温度为 59℃，允许开采量为 2863.2m³/d，实际开采量约为 200m³/d。目前建有天赐温泉酒店，用作医疗保健和旅游开发。

1. 地质背景

天赐温泉位于金子山平缓褶皱变形区内的青川磨刀垭至下寺单斜构造内，北部紧邻竹园坝开阔褶皱变形区，构造条件简单。

2. 热储及盖层特征

热储层为三叠系雷口坡组和嘉陵江组的灰岩、膏质白云岩，厚度为 567m，顶底板标高-1162.5m、-1729.5m，单位流体产量为 19.64m³/(d·m)。其上覆白垩系、侏罗系及三叠系砂泥岩地层具有良好的隔水隔热作用,是良好的盖层。

图 6-37 剑门关天赐温泉

### 3. 水化学特征

温泉水化学类型为 $SO_4$-Ca 型,pH 为 7.0～8.0,总含盐量为 3.384～3.980g/L,锶含量为 13.59～19.40mg/L,氟含量为 3.98～8.45mg/L,硫化氢含量为 11.69～36.92mg/L,偏硼酸含量为 7.0～9.55mg/L,偏硅酸含量为 40.66～66.73mg/L,可命名为含偏硼酸、偏硅酸的锶、氟、硫化氢医疗矿泉水。

### 4. 成因机制

天赐温泉位于过路垭—岳家湾一带的石灰岩或含膏盐的碳酸盐岩内的岩溶水,接受大气降水补给,通过溶蚀孔洞、管道或裂隙等向地下深部运移,在正常地温梯度条件下,其温度随深度增加而升高。这些深部循环水在长距离的运移中,由原来低矿化、低温的地下水,经长期与周围岩体发生离子交换、溶滤、吸附等物理化学反应,形成具有一定化学特征的热矿泉水。

### 6.2.3.10 北川温泉

北川温泉位于四川省绵阳市北川羌族自治县永昌镇,井位紧邻北川羌族自治县新城区,距城中心直线距离为 1.02km,井深 1800.2m,井口出水温度为 40℃,井底温度为 46.5℃,自流水量为 235m³/d。

### 1. 地质背景

在区域构造上,温泉处于龙门山前山褶皱逆冲断层带与盆地舒缓褶皱区两个构造单元接合处,盆地舒缓褶皱区西部边缘之荣华寺背斜南翼。

### 2. 热储及盖层特征

热储层由三叠系嘉陵江组及雷口坡组的碳酸盐岩和天井山组的灰岩组成,埋深

1005～1800.2m，厚度为 795.2m，在龙门山前山断裂作用下，热储层岩层破碎，岩溶发育，为地下水的运移和储集提供了良好的空间，是富水性较好的地层，地下水在深部地热增温作用下与围岩相互交融汇集而形成矿泉水。

盖层由三叠系须家河组及侏罗系地层组成：须家河组的长石石英砂岩及含煤地层直接覆盖于热储层之上，侏罗系红色地层间接覆盖于热储层之上，总厚度为 765m，埋深为 10～940m，孔隙率和渗透率低、厚度大、层位稳定、分布广、完整性好，具有良好的阻水、隔热的作用，构成了一个厚大的隔水隔热盖层。

热储层下伏隔水保温层为下三叠统飞仙关组，岩性为泥页岩夹泥质灰岩，裂隙不发育，厚约 490 m，埋深在 1800.2m 以下，能有效防止热储层的地热水继续往下渗透、流失，从而起到隔水保温的作用。

### 3. 水化学特征

温泉水化学类型为 Cl-Na 型，pH 为 7.0，总含盐量为 20331.8mg/L，偏硅酸含量为 68.20mg/L，锶含量为 88.504mg/L，偏硼酸含量为 18.00mg/L。

### 4. 成因机制

温泉接受大气降水及地表水体入渗补给，补给途径为横向补给，通过远距离的永安镇一带含水层出露区接受补给，沿断裂破碎影响带的孔隙裂隙下渗，向深部循环，进入天井山组、雷口坡组、嘉陵江组含水层，向下径流过程中与围岩发生溶滤溶解作用，形成具有一定化学成分的热矿泉水，通过人工钻探揭露溢出地表（图6-38）。

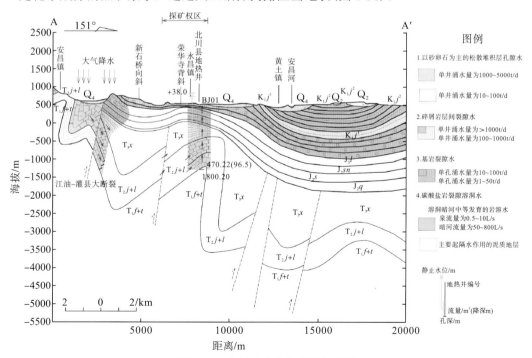

图 6-38　北川热矿泉水成因模式图

# 第 7 章　地热资源开发利用潜力及前景

## 7.1　地热资源开发利用潜力

四川省地热资源开发利用程度低,本章通过地热流体开采系数及地热流体热量潜力模数两个指标进行潜力分析与评价。

### 7.1.1　地热流体热量开采系数法评价

隆起山地型地热点中,极具开采潜力地热点有 225 个,占该地热类型所有地热点数的 81%,具有开采潜力的地热点有 42 个,占总数的 15%,具有一定开采潜力的地热点有 6 个,占总数的 2%,基本平衡的地热点有 5 个,占总数的 2%。无严重超采和超采的地热点(表 7-1)。

表 7-1　四川省隆起山地型地热点地热资源热量开采系数统计表

| 开采情况 | 热量开采系数($C_E$)/% | 地热点数量/个 | |
| --- | --- | --- | --- |
| | | 地热井 | 温泉 |
| 严重超采 | ≥120 | 0 | 0 |
| 超采 | 100~120 | 0 | 0 |
| 基本平衡 | 80~100 | 2 | 3 |
| 具有一定开采潜力 | 60~80 | 3 | 3 |
| 具有开采潜力 | 40~60 | 13 | 29 |
| 极具开采潜力 | <40 | 24 | 201 |

沉积盆地传导型中,目前利用中的地热井数量及利用量都极少,无论是三叠系储层还是二叠系热储层,所有计算单元地热流体热量开采系数均较小,所有沉积盆地传导型区均为极具开采潜力区。

按县(市、区)进行地热资源热量开采系数及潜力评价。四川省隆起山地型地热资源分布的大部分地区属于极具开采潜力区,少部分地区为具有开采潜力及具有一定开采潜力区(表 7-2,图 7-1)。

表 7-2 隆起山地型地热资源各县开采系数评价表

| 市(州) | 县(市、区) | 地热流体允许开采量 /(kJ/a) | 地热流体开采热量 /(kJ/a) | 热量开采系数 ($C_E$)/% | 开采潜力评价 |
|---|---|---|---|---|---|
| 甘孜州 | 巴塘县 | $3.53\times10^{11}$ | $1.23\times10^{10}$ | 3 | 极具开采潜力 |
| | 白玉县 | $6.57\times10^{10}$ | $4.47\times10^{9}$ | 7 | 极具开采潜力 |
| | 丹巴县 | $3.33\times10^{10}$ | $4.05\times10^{9}$ | 12 | 极具开采潜力 |
| | 道孚县 | $7.16\times10^{10}$ | $1.39\times10^{10}$ | 19 | 极具开采潜力 |
| | 稻城县 | $6.05\times10^{11}$ | $2.59\times10^{10}$ | 4 | 极具开采潜力 |
| | 得荣县 | $1.06\times10^{11}$ | $1.26\times10^{9}$ | 1 | 极具开采潜力 |
| | 德格县 | $1.42\times10^{11}$ | $1.23\times10^{10}$ | 9 | 极具开采潜力 |
| | 甘孜县 | $3.84\times10^{11}$ | $8.27\times10^{9}$ | 2 | 极具开采潜力 |
| | 九龙县 | $2.19\times10^{10}$ | $1.50\times10^{9}$ | 7 | 极具开采潜力 |
| | 康定市 | $3.39\times10^{11}$ | $2.93\times10^{10}$ | 9 | 极具开采潜力 |
| | 理塘县 | $1.32\times10^{12}$ | $2.94\times10^{10}$ | 2 | 极具开采潜力 |
| | 炉霍县 | $1.41\times10^{10}$ | $2.54\times10^{9}$ | 18 | 极具开采潜力 |
| | 泸定县 | $9.97\times10^{10}$ | $3.74\times10^{10}$ | 38 | 极具开采潜力 |
| | 乡城县 | $1.58\times10^{11}$ | $1.14\times10^{10}$ | 7 | 极具开采潜力 |
| | 新龙县 | $1.15\times10^{11}$ | $6.26\times10^{9}$ | 5 | 极具开采潜力 |
| | 雅江县 | $2.28\times10^{10}$ | $1.42\times10^{9}$ | 6 | 极具开采潜力 |
| 乐山市 | 峨边县 | $1.48\times10^{11}$ | $1.20\times10^{10}$ | 8 | 极具开采潜力 |
| | 峨眉山市 | $2.10\times10^{10}$ | $8.83\times10^{9}$ | 42 | 具有开采潜力 |
| | 马边县 | $5.78\times10^{10}$ | $9.78\times10^{8}$ | 2 | 极具开采潜力 |
| 凉山州 | 木里县 | $6.80\times10^{9}$ | $2.69\times10^{9}$ | 40 | 具有开采潜力 |
| | 甘洛县 | $2.95\times10^{10}$ | $9.81\times10^{9}$ | 33 | 极具开采潜力 |
| | 会东县 | $3.55\times10^{10}$ | $1.36\times10^{10}$ | 38 | 极具开采潜力 |
| | 会理市 | $1.51\times10^{10}$ | $3.25\times10^{9}$ | 21 | 极具开采潜力 |
| | 雷波县 | $7.99\times10^{9}$ | $3.24\times10^{9}$ | 41 | 具有开采潜力 |
| | 冕宁县 | $8.52\times10^{9}$ | $9.17\times10^{7}$ | 1 | 极具开采潜力 |
| | 普格县 | $1.15\times10^{11}$ | $1.72\times10^{10}$ | 15 | 极具开采潜力 |
| | 西昌市 | $4.87\times10^{10}$ | $1.47\times10^{10}$ | 30 | 极具开采潜力 |
| | 喜德县 | $2.95\times10^{10}$ | $1.27\times10^{10}$ | 43 | 具有开采潜力 |
| | 盐源县 | $3.75\times10^{10}$ | $2.49\times10^{9}$ | 7 | 极具开采潜力 |
| | 越西县 | $1.63\times10^{10}$ | 0.00 | 0 | 极具开采潜力 |
| | 昭觉县 | $1.91\times10^{10}$ | $8.35\times10^{9}$ | 44 | 具有开采潜力 |
| 眉山市 | 洪雅县 | $7.36\times10^{10}$ | $3.33\times10^{10}$ | 45 | 具有开采潜力 |
| 攀枝花市 | 米易县 | $1.99\times10^{9}$ | $3.52\times10^{8}$ | 18 | 极具开采潜力 |
| | 盐边县 | $1.64\times10^{10}$ | $1.61\times10^{9}$ | 10 | 极具开采潜力 |
| 雅安市 | 石棉县 | $3.59\times10^{11}$ | $1.48\times10^{10}$ | 4 | 极具开采潜力 |
| | 雨城区 | $7.74\times10^{10}$ | $1.39\times10^{10}$ | 18 | 极具开采潜力 |
| 成都市 | 彭州市 | $9.08\times10^{10}$ | $6.48\times10^{9}$ | 7 | 极具开采潜力 |
| | 大邑县 | $2.14\times10^{10}$ | $1.69\times10^{10}$ | 79 | 具有一定开采潜力 |
| | 崇州市 | $8.13\times10^{9}$ | $6.02\times10^{9}$ | 74 | 具有一定开采潜力 |

续表

| 市(州) | 县(市、区) | 地热流体允许开采量 /(kJ/a) | 地热流体开采热量 /(kJ/a) | 热量开采系数 ($C_E$)/% | 开采潜力评价 |
|---|---|---|---|---|---|
| 阿坝州 | 茂县 | $5.50×10^9$ | $3.75×10^8$ | 7 | 极具开采潜力 |
| | 汶川县 | $1.03×10^9$ | 0.00 | 0 | 极具开采潜力 |
| 巴中市 | 南江县 | $3.84×10^9$ | 0.00 | 0 | 极具开采潜力 |
| 广元市 | 旺苍县 | $1.11×10^9$ | $8.00×10^8$ | 72 | 具有一定开采潜力 |
| 达州市 | 万源市 | $2.38×10^9$ | 0.00 | 0 | 极具开采潜力 |
| 宜宾市 | 珙县 | $9.52×10^9$ | $3.22×10^9$ | 34 | 极具开采潜力 |
| | 筠连县 | $2.46×10^{11}$ | $7.87×10^9$ | 3 | 极具开采潜力 |
| | 长宁县 | $1.12×10^{11}$ | $9.42×10^9$ | 8 | 极具开采潜力 |

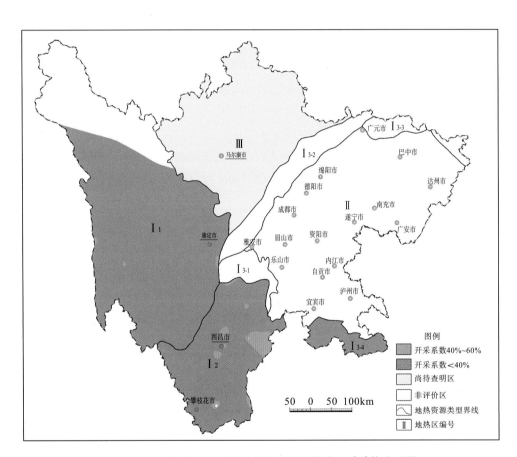

图 7-1 四川省隆起山地型地热资源流体热量开采系数分区图

## 7.1.2 地热流体热量潜力模数法评价

地热流体热量潜力模数是评价地热资源开发潜力的另一项指标，其计算公式如下：

$$M = \frac{E_y - E_k + R}{A} \tag{7-1}$$

式中，$M$——地热流体热量潜力模数，$kJ/(km^2 \cdot a)$；

$R$——地热流体热量补给量，$kJ/a$；

$E_y$——地热流体允许开采热量，$kJ/a$；

$E_k$——地热流体开采热量，$kJ/a$；

$A$——计算面积，$km^2$。

地热流体热量补给量 $R$ 为热储层侧向补给流体热量，四川省地热地质条件现阶段研究程度尚无法得知 $R$ 取值，计算中将其忽略，故计算结果应小于实际潜力模数。

根据中国地质调查局相关技术要求，分别对四川省隆起山地型及沉积盆地型地热资源潜力模数进行计算，并在计算结果基础上划分模数等级进行分析。

### 7.1.2.1　隆起山地型

四川省隆起山地型地热资源潜力模数以每个地热点为单元进行计算，允许开采量为第 6 章中以井(泉)流量法计算的可开采量，每个地热点模数计算面积均为 $1km^2$，故各计算点隆起山地型地热资源开采潜力模数在数值上等于可开采量与开采量的差值。

由计算可知，四川省隆起山地型地热资源热量潜力模数最小值为 $1.02 \times 10^8 kJ/(km^2 \cdot a)$，最大值为 $5.72 \times 10^{11} kJ/(km^2 \cdot a)$。

由潜力模数计算结果，结合四川省实际情况，将潜力模数划分为以下六级。

一级：$<0 kJ/km^2$；

二级：$(0 \sim 1.0) \times 10^5 kJ/km^2$；

三级：$0.1 \times 10^5 \sim 1.0 \times 10^9 kJ/km^2$；

四级：$(0.1 \sim 1.0) \times 10^{10} kJ/km^2$；

五级：$(0.1 \sim 1.0) \times 10^{11} kJ/km^2$；

六级：$>1.0 \times 10^{11} kJ/km^2$。

模数等级越高，开采潜力越大。

各县(市、区)地热资源热量潜力模数见表 7-3，潜力模数等值线如图 7-2 所示。

表 7-3　隆起山地型地热资源各县(市、区)潜力模数评价表

| 市(州) | 县(市、区) | 地热流体允许开采量/(kJ/a) | 地热流体开采热量/(kJ/a) | 潜力模数/(kJ/km²) | 等级划分 |
|---|---|---|---|---|---|
| 甘孜州 | 巴塘县 | $3.53 \times 10^{11}$ | $1.23 \times 10^{10}$ | $3.4 \times 10^{11}$ | 六级 |
| | 白玉县 | $6.57 \times 10^{10}$ | $4.47 \times 10^9$ | $6.12 \times 10^{10}$ | 五级 |
| | 丹巴县 | $3.33 \times 10^{10}$ | $4.05 \times 10^9$ | $2.93 \times 10^{10}$ | 五级 |
| | 道孚县 | $7.16 \times 10^{10}$ | $1.39 \times 10^{10}$ | $5.77 \times 10^{10}$ | 五级 |
| | 稻城县 | $6.05 \times 10^{11}$ | $2.59 \times 10^{10}$ | $5.79 \times 10^{11}$ | 六级 |
| | 得荣县 | $1.06 \times 10^{11}$ | $1.26 \times 10^9$ | $1.05 \times 10^{11}$ | 六级 |
| | 德格县 | $1.42 \times 10^{11}$ | $1.23 \times 10^{10}$ | $1.30 \times 10^{11}$ | 六级 |
| | 甘孜县 | $3.84 \times 10^{11}$ | $8.27 \times 10^9$ | $3.76 \times 10^{11}$ | 六级 |
| | 九龙县 | $2.19 \times 10^{10}$ | $1.50 \times 10^9$ | $2.04 \times 10^{10}$ | 五级 |

| 市(州) | 县(市、区) | 地热流体允许开采量/(kJ/a) | 地热流体开采热量/(kJ/a) | 潜力模数/(kJ/km²) | 等级划分 |
|---|---|---|---|---|---|
| | 康定市 | $3.39×10^{11}$ | $2.93×10^{10}$ | $3.1×10^{11}$ | 六级 |
| | 理塘县 | $1.32×10^{12}$ | $2.94×10^{10}$ | $1.29×10^{12}$ | 六级 |
| | 炉霍县 | $1.41×10^{10}$ | $2.54×10^{9}$ | $1.15×10^{10}$ | 五级 |
| | 泸定县 | $9.97×10^{10}$ | $3.74×10^{10}$ | $6.23×10^{10}$ | 五级 |
| | 乡城县 | $1.58×10^{11}$ | $1.14×10^{10}$ | $1.47×10^{11}$ | 六级 |
| | 新龙县 | $1.15×10^{11}$ | $6.26×10^{9}$ | $1.08×10^{11}$ | 六级 |
| | 雅江县 | $2.28×10^{10}$ | $1.42×10^{9}$ | $2.14×10^{10}$ | 五级 |
| 乐山市 | 峨边县 | $1.48×10^{11}$ | $1.20×10^{10}$ | $1.36×10^{11}$ | 六级 |
| | 峨眉山市 | $2.10×10^{10}$ | $8.83×10^{9}$ | $1.21×10^{10}$ | 五级 |
| | 马边县 | $5.78×10^{10}$ | $9.78×10^{8}$ | $5.68×10^{10}$ | 五级 |
| 凉山州 | 木里县 | $6.80×10^{9}$ | $2.69×10^{9}$ | $4.11×10^{9}$ | 四级 |
| | 甘洛县 | $2.95×10^{10}$ | $9.81×10^{9}$ | $1.97×10^{10}$ | 五级 |
| | 会东县 | $3.55×10^{10}$ | $1.36×10^{10}$ | $2.19×10^{10}$ | 五级 |
| | 会理市 | $1.51×10^{10}$ | $3.25×10^{9}$ | $1.19×10^{10}$ | 五级 |
| | 雷波县 | $7.99×10^{9}$ | $3.24×10^{9}$ | $4.75×10^{9}$ | 四级 |
| | 冕宁县 | $8.52×10^{9}$ | $9.17×10^{7}$ | $8.43×10^{9}$ | 四级 |
| | 普格县 | $1.15×10^{11}$ | $1.72×10^{10}$ | $9.75×10^{10}$ | 五级 |
| | 西昌市 | $4.87×10^{10}$ | $1.47×10^{10}$ | $3.4×10^{10}$ | 五级 |
| | 喜德县 | $2.95×10^{10}$ | $1.27×10^{10}$ | $1.68×10^{10}$ | 五级 |
| | 盐源县 | $3.75×10^{10}$ | $2.49×10^{9}$ | $3.5×10^{10}$ | 五级 |
| | 越西县 | $1.63×10^{10}$ | 0.00 | $1.63×10^{10}$ | 五级 |
| | 昭觉县 | $1.91×10^{10}$ | $8.35×10^{9}$ | $1.08×10^{10}$ | 五级 |
| 眉山市 | 洪雅县 | $7.36×10^{10}$ | $3.33×10^{10}$ | $4.03×10^{10}$ | 五级 |
| 攀枝花市 | 米易县 | $1.99×10^{9}$ | $3.52×10^{8}$ | $1.64×10^{9}$ | 四级 |
| | 盐边县 | $1.64×10^{10}$ | $1.61×10^{9}$ | $1.48×10^{10}$ | 五级 |
| 雅安市 | 石棉县 | $3.59×10^{11}$ | $1.48×10^{10}$ | $3.44×10^{11}$ | 六级 |
| | 雨城区 | $7.74×10^{10}$ | $1.39×10^{10}$ | $6.35×10^{10}$ | 五级 |
| 成都市 | 彭州市 | $9.08×10^{10}$ | $6.48×10^{9}$ | $8.43×10^{10}$ | 五级 |
| | 大邑县 | $2.14×10^{10}$ | $1.69×10^{10}$ | $4.5×10^{9}$ | 四级 |
| | 崇州市 | $8.13×10^{9}$ | $6.02×10^{9}$ | $2.11×10^{9}$ | 四级 |

续表

| 市(州) | 县(市、区) | 地热流体允许开采量/(kJ/a) | 地热流体开采热量/(kJ/a) | 潜力模数/(kJ/km²) | 等级划分 |
|---|---|---|---|---|---|
| 阿坝州 | 茂县 | $5.50 \times 10^9$ | $3.75 \times 10^8$ | $5.13 \times 10^9$ | 四级 |
| | 汶川县 | $1.03 \times 10^9$ | 0.00 | $1.03 \times 10^9$ | 四级 |
| 巴中市 | 南江县 | $3.84 \times 10^9$ | 0.00 | $3.84 \times 10^9$ | 四级 |
| 广元市 | 旺苍县 | $1.11 \times 10^9$ | $8.00 \times 10^8$ | $3.1 \times 10^8$ | 三级 |
| 达州市 | 万源市 | $2.38 \times 10^9$ | 0.00 | $2.38 \times 10^9$ | 四级 |
| 宜宾市 | 珙县 | $9.52 \times 10^9$ | $3.22 \times 10^9$ | $6.3 \times 10^9$ | 四级 |
| | 筠连县 | $2.46 \times 10^{11}$ | $7.87 \times 10^9$ | $2.38 \times 10^{11}$ | 六级 |
| | 长宁县 | $1.12 \times 10^{11}$ | $9.42 \times 10^9$ | $1.03 \times 10^{11}$ | 六级 |

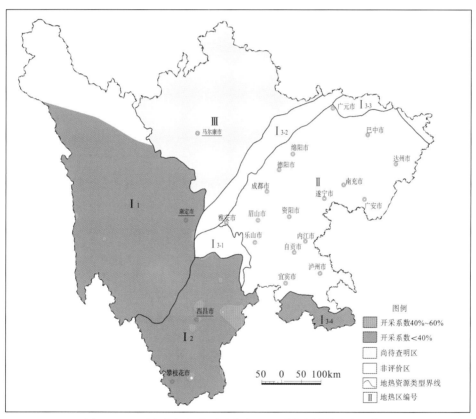

图 7-2　四川省隆起山地型地热资源开采潜力模数分布规律图

### 7.1.2.2　沉积盆地型

　　四川沉积盆地型地热资源地热潜力模数依据第 6 章划分的计算单元进行计算,对正在开采地热资源的各县(市、区)潜力模数进行统计,见表 7-4 和表 7-5。其余未开采县(市、区)均为六级潜力模数。

表 7-4　沉积盆地型地热资源各县(市、区)潜力模数评价表(三叠系热储层)

| 市(州) | 县(市、区) | 面积/km² | 地热流体允许开采量/(kJ/a) | 地热流体开采热量/(kJ/a) | 潜力模数/(kJ/km²) | 等级划分 |
|---|---|---|---|---|---|---|
| 广元市 | 利州区 | 1534 | $3.27×10^{12}$ | $7.42×10^8$ | $2.13×10^9$ | 四级 |
| | 昭化区 | 1434 | $3.90×10^{12}$ | 0.00 | $2.72×10^9$ | 四级 |
| | 剑阁县 | 3203 | $5.42×10^{12}$ | $1.32×10^{10}$ | $1.69×10^9$ | 四级 |
| 绵阳市 | 北川县 | 3084 | $1.68×10^{12}$ | 0.00 | $5.44×10^8$ | 三级 |
| | 安州区 | 1189 | $2.43×10^{12}$ | $7.21×10^8$ | $2.04×10^9$ | 四级 |
| 遂宁市 | 大英县 | 703 | $1.10×10^{13}$ | $1.29×10^{10}$ | $1.56×10^{10}$ | 五级 |
| 乐山市 | 市中区 | 825 | $1.06×10^{13}$ | 0.00 | $1.29×10^{10}$ | 五级 |
| | 犍为县 | 1375 | $9.64×10^{12}$ | $5.34×10^9$ | $7.01×10^9$ | 四级 |
| 自贡市 | 大安区 | 401 | $2.24×10^{12}$ | $1.91×10^8$ | $5.59×10^9$ | 四级 |
| 广安市 | 邻水县 | 1919 | $6.69×10^{14}$ | 0.00 | $3.49×10^{11}$ | 六级 |
| 达州市 | 宣汉县 | 4271 | $1.81×10^{15}$ | $2.27×10^9$ | $4.23×10^{11}$ | 六级 |
| | 开江县 | 1033 | $5.21×10^{14}$ | $1.12×10^{10}$ | $5.04×10^{11}$ | 六级 |
| | 达川区 | 2694 | $5.30×10^{14}$ | $1.83×10^9$ | $1.97×10^{11}$ | 六级 |
| | 大竹县 | 2075 | $6.85×10^{14}$ | 0.00 | $3.30×10^{11}$ | 六级 |

表 7-5　沉积盆地型地热资源各县潜力模数评价表(二叠系热储层)

| 市(州) | 县(市、区) | 面积/km² | 地热流体允许开采量/(kJ/a) | 地热流体开采热量/(kJ/a) | 潜力模数/(kJ/km²) | 等级划分 |
|---|---|---|---|---|---|---|
| 乐山市 | 峨眉山市 | 1168 | $1.31×10^{12}$ | 0.00 | $1.12×10^9$ | 四级 |
| | 犍为县 | 1375 | $9.53×10^{12}$ | 0.00 | $6.93×10^9$ | 四级 |
| 宜宾市 | 屏山县 | 1504 | $1.19×10^{13}$ | $1.74×10^9$ | $7.88×10^9$ | 四级 |
| | 翠屏区 | 1131 | $5.60×10^{12}$ | 0.00 | $4.95×10^9$ | 四级 |
| | 高县 | 1320 | $3.29×10^{12}$ | $2.96×10^8$ | $2.49×10^9$ | 四级 |
| 泸州市 | 泸县 | 1532 | $3.30×10^{12}$ | 0.00 | $2.15×10^9$ | 四级 |
| | 合江县 | 2422 | $8.24×10^{12}$ | 0.00 | $3.40×10^9$ | 四级 |
| | 纳溪区 | 1150 | $5.74×10^{12}$ | 0.00 | $4.99×10^9$ | 四级 |
| 达州市 | 开江县 | 1033 | $2.72×10^{14}$ | $1.66×10^9$ | $2.63×10^{11}$ | 六级 |

　　四川盆地内地热资源量开发程度低,开采量极小,三叠系热储层地热资源潜力模数基本为六级,仅位于盆地南部宜宾、泸州的 6 个计算单元潜力模数为五级,如图 7-3、图 7-4 所示。

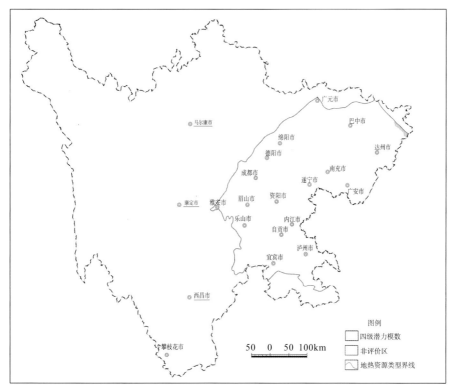

图 7-3　沉积盆地型地热资源三叠系热储层开采潜力模数分区图

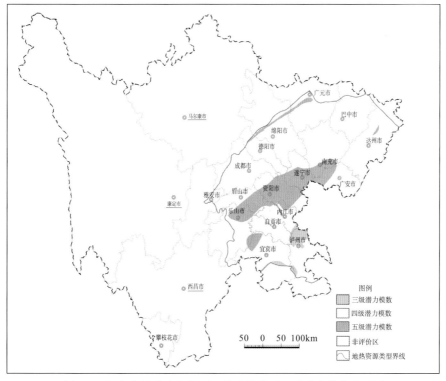

图 7-4　沉积盆地型地热资源二叠系热储层开采潜力模数分区图

### 7.1.3　开发潜力综合分析、评价

　　四川省地热资源极其丰富,但开采量极小,多数地区属极具开采潜力区,开采潜力模数均在四级以上。综合考虑当地实际情况,将四川省地热资源进行开采潜力综合分区,可分为极具开采潜力区、具有开采潜力区、具有一定开采潜力区和开采难度大区,如图 7-5 所示。

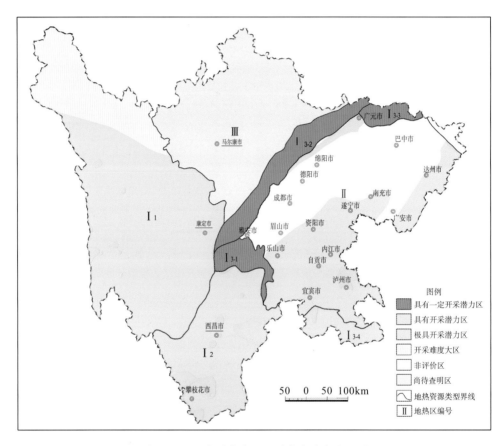

图 7-5　四川省地热资源开采潜力综合分区图

　　隆起山地型地热资源分布的区域内,大部分属于极具开采潜力区,具有开采潜力区及具有一定开采潜力区则零星地分布在这些区域内。另外由于海拔高,北部属于开采难度大区;沉积盆地型地热资源大部分评价区域为极具开采潜力区,局部地区为具有开采潜力区。

## 7.2　地热资源开发利用前景

### 7.2.1　政策支持

　　目前,我国地热能的开发利用已经受到社会的高度关注,从浅层地热能的地源热泵技术应用到中深层地热能供暖,有众多研究单位、生产企业、工程公司及社会资金积极介入。

近 20 年地源热泵空调的推广应用，大大提高了全社会对该项技术的认知度和认可度；供暖区域南扩，南方更适宜地源热泵供暖，扩大了地源热泵供暖的适用范围；绿色节能建筑的大力推广与普及，大大降低了建筑单位面积耗热量。这为地热能地源热泵利用系统减少峰值负荷、用地空间及初投资奠定了先决条件。城市热电联产、太阳能、生物质能与风力发电等可再生能源与常规清洁能源等复合能源系统优势互补，进一步扩大了地源热泵技术应用范围，提高了系统能效比。政策法规倡导，国家层面支持，地热能利用开发已进入新的快速发展阶段。

### 7.2.1.1　国家层面

(1)我国政府一直致力于节能减排工作，国家"十二五"规划提出要坚持把建设资源节约型、环境友好型社会作为加快转变经济发展方式的重要着力点，强调深入贯彻节约资源和保护环境基本国策，节约能源，降低温室气体排放强度，发展循环经济，推广低碳技术，积极应对气候变化，促进经济社会发展与人口资源环境相协调，走可持续发展之路，推动能源生产和利用方式变革，构建安全、稳定、经济、清洁的现代能源产业体系。

(2)2013 年 1 月，国家能源局、财政部、国土资源部、住房和城乡建设部共同印发了《关于促进地热能开发利用的指导意见》(国能新能〔2013〕48 号)，明确提出地热能"十二五"发展目标：到 2015 年，全国地热供暖面积达到 5 亿 $m^2$，地热发电装机容量达到 100MW，地热能年利用量达到 2000 万 t 标准煤。到 2020 年，地热能开发利用量达到 5000 万 t 标准煤。

(3)2013 年 7 月，国家能源局专门制定了《地热能应用技术导则》(国能综新能〔2013〕272 号)以促进我国地热能开发利用，加强地热能源开发利用技术指导。

(4)2014 年 6 月 13 日，中央财经领导小组第六次会议召开，习近平发表了重要讲话，就推动能源生产和消费革命提出 5 点要求，其中包括，推动能源供给革命，建立多元供应体系。立足国内多元供应保安全，大力推进煤炭清洁高效利用，着力发展非煤能源，形成煤、油、气、核、新能源、可再生能源多轮驱动的能源供应体系，同步加强能源输配网络和储备设施建设。

(5)2014 年 6 月，《国家能源局综合司 国土资源部办公厅关于组织编制地热能开发利用规划的通知》(国能综新能〔2014〕497 号)，制定了地热能开发利用规划大纲，进一步规范了地热能开发。

(6)2016 年 12 月 21 日召开的中央财经领导小组第十四次会议上，习近平强调，推进北方地区冬季清洁取暖等 6 个问题，都是大事，关系广大人民群众生活，是重大的民生工程、民心工程。推进北方地区冬季清洁取暖，关系北方地区广大群众温暖过冬，关系雾霾天能不能减少，是能源生产和消费革命、农村生活方式革命的重要内容。要按照企业为主、政府推动、居民可承受的方针，宜气则气、宜电则电，尽可能利用清洁能源，加快提高清洁供暖比重。

(7)2017 年 1 月 23 日，国家发展和改革委员会、国家能源局、国土资源部联合印发《地热能开发利用"十三五"规划》，阐述了地热能开发利用的指导方针和目标、重点任务、重大布局，以及规划实施的保障措施等，这是地热能首次作为专项规划列入国家五年计划。该规划制定了我国地热能开发利用"十三五"时期的最新目标：新增地热能供暖面积 11 亿 m²，包括新增浅层地热能供暖(制冷)面积 7 亿 m² 和新增水热型地热供暖面积 4 亿 m²；新增地热发电装机容量 500MW；至 2020 年地热能年利用量相当于 7000 万 t 标准煤，其中地热能供暖年利用量相当于 4000 万 t 标准煤。作为国家层面首个地热产业规划，地热"十三五"规划的出台是我国地热产业发展的里程碑事件，对我国地热产业快速、健康发展起到极大的推动作用。

(8)2018 年 6 月 13 日，国务院总理李克强主持召开国务院常务会议，在部署实施"蓝天保卫战"三年行动计划时指出，要科学合理、循序渐进有效治理污染。坚持从实际出发，宜电则电、宜气则气、宜煤则煤、宜热则热，确保北方地区群众安全取暖过冬。

(9)2021 年 9 月 10 日，国家发展和改革委员会、国家能源局、财政部、自然资源部、生态环境部、住房和城乡建设部、水利部、国家统计局发布了《关于促进地热能开发利用的若干意见》(国能发新能规〔2021〕43 号)，明确了五大重点任务及三项保障措施，进一步规范地热能开发利用管理，推动地热能产业持续高质量发展。该意见提出，到 2025 年，各地基本建立起完善规范的地热能开发利用管理流程，全国地热能开发利用信息统计和监测体系基本完善，地热能供暖(制冷)面积比 2020 年增加 50%，在资源条件好的地区建设一批地热能发电示范项目，全国地热能发电装机容量比 2020 年翻一番；到 2035 年，地热能供暖(制冷)面积及地热能发电装机容量力争比 2025 年翻一番。

(10)2021 年 10 月 24 日，《中共中央 国务院关于完整准确全面贯彻新发展理念做好碳达峰碳中和工作的意见》要求"实施可再生能源替代行动，大力发展风能、太阳能、生物质能、海洋能、地热能等，不断提高非化石能源消费比重"。

### 7.2.1.2　省级层面

(1)四川省地热能资源十分丰富，各级领导均十分注重地热能资源的开发利用。政协四川省十届五次会议第 38 号提案提出了《关于加快四川省地热资源开发利用的建议》，受到省领导高度重视，被列为四川省政协 2012 年重点督办提案。2011 年，时任副省长王宁在四川省地矿局向四川省政府办公厅报送的《四川省地矿局关于开展地温能及地热能资源开发利用促进全省节能减排工作的报告》〔川地矿(2011)158 号〕上做出重要批示"开展一些探索性试点示范并及时加以总结"。2014 年 8 月四川省能源局印发了《关于召开〈四川省地热能开发利用规划〉编制工作会议的通知》，着手组织编制符合四川省地热能开发利用规划，促进四川省地热能的合理、高效、有序开发。

(2)2014 年 3 月，《四川省人民政府办公厅关于印发 2014 年藏区六大民生工程计划"1+6"工作方案的通知》明确提出"加快高寒地区城镇供水、污水处理和供暖等技术研究"的工作目标，被纳入四大工作重点之一——藏族聚居区市政公用设施建设，要求组织专业单位抓紧研究四川省藏族聚居区供水、污水处理和供暖三项技术，努力推进藏族聚居区城镇市政公用设施建设，积极探索城镇分散式供热。

(3)2014 年 12 月 29 日，四川省粮食局印发了《四川省粮食低温储备库建设专项实施管理暂行办法》的通知，提出了"通过粮食低温储备库低温储粮工艺建设，使项目单位的粮食储备仓内达到平均粮温常年保持在 15℃以下，局部最高粮温不超过 20℃的低温储粮标准"的建设目标，并明确指出了"低温机械制冷工艺利用的冷源目前有浅层地能(地下水和土壤源)、地表水、自来水、风冷等多种方式，每种方式各具特点。包括低氧富氮绿色储粮技术在内，项目建设单位须在认真调研的基础上根据建设项目区域特点、建设规模、运行成本、管理情况等多种因素，因地制宜合理选用低温、绿色储粮工艺"，该通知大力推进了浅层地温能在各县(市、区)粮食系统的开发利用。

(4)2017 年 5 月，四川省住房和城乡建设厅关于印发《四川省建筑节能与绿色建筑发展"十三五"规划》的通知，指出四川省要积极推动太阳能、浅层地热能、生物质能等可再生能源在建筑中的应用。

(5)2021 年 3 月，全国政协委员，四川省地矿局党委书记、局长王建明指出，中国是地热能大国，全国地热资源潜力接近全球的 8%，推动地热能的开发利用将助力实现国家碳达峰、碳中和目标。建议加快探明资源，推动合理规划；坚持示范先行，加快推广应用；加强政策引导，指导规范发展；加大科研投入，支持成果转化等措施，推动四川地热资源合理开发利用。

(6)2021 年 8 月 31 日，四川省副省长罗强主持召开会议，专题研究地热资源勘探和开发利用。罗强指出，积极开发利用地热资源对缓解四川省能源压力、实现"双碳"目标具有重要的现实意义和长远的战略意义。罗强强调，要进一步加强战略性研究，摸清地热资源底数，加大自然地热资源勘探力度，充分挖掘废井资源，分门别类建库建档，夯实开发利用基础；要研究制定产业发展规划，明确产业发展方向，制定时间表、路线图，加强产业发展指导；要强化协同发展，围绕地热资源开发利用全产业链，整合现有资源力量，探索建立省级地热综合研究中心、产业联盟等，找准关键核心问题和症结，共同研究突破，推动地热泵、地热发电等相关装备制造产业壮大发展；要推动应用示范项目，在工业、农业、住建、文旅等领域大力开展地热应用示范项目，着力打造一批地热种植养殖、零碳示范旅游区、地热城市新区等示范点；要加强政策支持，研究制定产业发展支持政策措施，在成本、审批、科技攻关、设备研发等方面予以支持，推动四川省地热产业高质量发展。

(7)2021 年 12 月，《中共四川省委关于以实现碳达峰碳中和目标为引领推动绿色低碳优势产业高质量发展的决定》，要求"推进地热资源勘探开发，因地制宜开展地热资源综合利用示范"。

(8)2022 年 5 月，四川省发展和改革委员会、四川省能源局发布了《四川省"十四五"可再生能源发展规划》(川发改能源〔2022〕227 号)，提出"统筹推进浅层地热能规模化应用，重点推进成都市及经济较发达地区地级市主城区地源热泵系统工程建设，新增浅层地热能应用面积 2000 万平方米。探索建立高温地热发电示范项目，积极开展川西高温地热资源丰富地区分布式地热电站试点，'十四五'期间新建规模 3 万千瓦"。

(9)2022 年 7 月 5 日，副省长罗强主持召开研究地热产业发展专题会议，提出"要立足长远，站在全国发展角度，坚定不移推动地热勘探开发和综合利用。要切实抓好试点示范，围绕全省浅层地热建筑应用、地热设施农业示范项目等，深入展'2+X'地热综合利用试点，遂宁市开展零碳现代农业地热产业园区建设试点，甘孜州稻城县开展城市地热供暖试点，住房和城乡建设、生态环保、文化旅游等行业结合自身实际和特点开展试点示范项目；要进一步摸清底数、完善规划，扎实开展全省地热资源详查和评价，摸清全省地热资源底数，持续抓好我省'十四五'地热资源开发利用规划起草工作，进一步优化川西、盆地、川东北等各地区专项规划；要组织开展地热装备攻关，强化上下游企业协作，推动有关企业围绕有机兰金循环(ORC)[①]、地热泵等地勘设备、开采装备、地热发电机组等全产业链开展联合攻关；要进一步研究支持产业发展政策，学习借鉴先进发达地区好经验好做法，形成我省支持地热产业发展政策体系，吸引社会资本参与，探索地热项目合同能源管理方式，鼓励企业开展试点，逐步完善地热产业发展模式；要注重环境保护，加强地热资源综合利用各环节环保审查，压紧压实地热项目业主单位生态环保责任，同步开展地热资源综合利用全流程在线监测，坚决杜绝地热资源开发利用对环境造成不良影响"。

## 7.2.2 地热资源开发前景

我国地热资源丰富、潜力巨大、市场广阔、技术趋于成熟，为地热大发展奠定了基础，已经成为新能源行业新的生力军，产业体系初步形成。地热能作为清洁环保的可再生能源，大力推进地热资源开发利用不仅对"优化能源结构""实现节能减排""改善生态环境"具有重大作用，而且在培育四川省新兴产业、促进新型城镇化建设、提升旅游品质、增加就业等方面均具有显著的拉动效应，是促进四川省生态文明建设的重要举措之一。

### 7.2.2.1 面临的问题

四川省虽然具有丰富的地热资源，但总体上开发利用程度低，区域空白区明显，开发利用形式单一，未实现地热资源综合梯级利用；另外地热能产业仍存在重视程度不够、政策不完备、人才力量薄弱以及技术、环境问题等。主要表现在五个方面。

1. 地热资源分布不均和区位化差异需求限制了地热资源的开发

四川省已有地热点大部分位于川西高原，且多为自然出露的温泉，资源量占全省中、深部地热资源量的63.8%。优势的地热资源距离经济发达区较远，交通不便，又处于高海拔地区，地热资源大多未被利用开发，且缺乏高水平的开发模式。

经济发达区周边的地热资源，由于紧靠庞大的客源市场，拥有优越的经济区位和交通区位，其影响和经济效益均超过拥有丰富地热资源的川西地区。但是水温低、水量小、水质差等原因制约了地热相关行业的发展。

资源分布不均和区位化差异是造成地热资源开发利用程度低的主要原因。地热资源量丰富、品质优良的地区，交通经济条件限制了地热资源的开发利用；反之，经济发达，交通便利的地区，受地热资源限制，缺乏高品质地热开发，严重制约了四川省地热行业高速发展。

2. 地热资源深度价值和文化价值提炼不足、挖掘不够

目前，四川省市场上现有的产品大多以发挥地热资源低级娱乐休闲为主，造成四川省

---

① 有机兰金循环(organic Rankine cycle，ORC)。

地热产业在全国缺乏竞争力,发展后劲不足。在健康中国的大背景下,地热温泉作为健康资源正在向健康方向转型和升级,温泉康养是目前中国温泉市场突破瓶颈、转型发展的重要方向,转型的过程中需要对温泉资源的价值进行深度提炼。

事实上,地热温泉作为一种资源渗透到康养产业中。首先,温泉水的健康特征不光表现为水温和水质,还包括水的压力和浮力,医学上可以利用这些变化的特征制定治疗方案;其次,还可结合温泉地的自然环境、营养膳食,以及使人身心放松达到疗养的目的;再次,温泉康养作为一种康养的方式,也需要和森林康养、气候康养、中医疗养等相结合,相互关联、融合发展,还可以借助一些仪器设备,最终达到疗养的效果。

同时地热温泉开发地的文化建设力度较小,对文化价值的挖掘重视度不够,开发利用还是以简单、传统的开发模式为主,导致温泉开发档次低、缺少文化内涵。大多数温泉地开发主要依附酒店环境设施,只注重追求硬件的标准化、星级化,忽视人文景观、民俗文化气氛的营造,千篇一律、缺乏特色。而温泉地要保持勃勃生机必须要在开发建设中注入文化创新理念,与四川地域特色、民主风情、温泉文化元素相融合。让游客不仅感受到温泉洗浴带来的愉悦,而且同时体验了温泉地的人文特征,给人一种充实快乐的享受,大大提升旅游者的体验感。

3. 缺乏统一产业规划,没有形成强有力的品牌形象

地热产业作为经济增长的重要组成部分,近年来,西南地区的云南省、贵州省、重庆市政府都在温泉旅游方面做了大量工作,并且取得一定的效果。云南省占据温泉资源优势,结合地方民族特色,每年的温泉旅游总收入达 150 亿元;贵州省提出《关于加快温泉旅游产业发展的建议》,着力推进"中国温泉省"的品牌建设,提出到 2025 年力争温泉旅游总收入占全省旅游收入的 20%。重庆市相继获得"中国温泉之都""世界温泉之都"的荣誉称号。

四川地热温泉具有极强的分散性,点多线长面广,很难进行单一的捆绑式促销,缺乏总体的统一规划,与广东温泉的情趣营造和北方温泉的大气舒适相比,四川省温泉旅游的整体形象是支离破碎的,没有鲜明的特色和知名度,难以形成有力的品牌形象。

4. 勘查开发程度低,缺乏科研经费投入

四川省近年来仅开展过四川省地热资源现状调查评价与区划、川西地区高温地热资源调查评价及各市(州)的浅层地热能调查评价等工作。总体上,绝大部地区处于调查工作阶段,勘查开发程度不高,且开发利用仅局限于分散的点上,开发利用形式单一,未能进行地热能高效梯级利用,普遍缺乏浅中深层地热能资源的勘查评价工作。

同时,四川省地热资源科研经费投入不高,严重背离了"全面推行、公益先行、商业跟进、基金衔接、整装勘查、快速突破"的地质找矿新机制。

5. 缺乏政府相关政策扶持和激励政策

地热能开发利用在资源勘察、立项评估、项目审批、勘察设计、工程实施、运行维护、能效评估及环境监测等过程中涉及发展和改革、自然资源、住房和城乡建设、生态环境保

护等众多政府管理监督部门,目前还缺乏明确的协调、分工,还未建立起有效的工作联动机制。

虽然中央和地方政府出台了一些财政和价格鼓励政策,对加快浅层地热能开发利用及促进清洁供暖具有积极引导作用,但政策不完善、执行不到位、不充分。四川省暂没有出台长期连续性的鼓励浅、中深层地热能开发的财政支持、税收减免、奖励补贴、优惠电价等相关支持政策。

### 7.2.2.2 开发利用前景

地热资源是指可经济利用的地热能、地热流体及其有用组分,是一种清洁可再生、非化石能源,能在发电、供暖、制冷、康养理疗、农业种植、水产养殖等多个领域应用。地热能作为清洁环保的可再生能源,开发利用地热能资源对推动四川节能减排、乡村振兴、环境保护和提高经济发展质量具有重要意义。

21 世纪以来,在政策引导和市场需求推动下,地热能资源开发利用得到较快发展。中国已经基本形成以西藏羊八井为代表的地热发电、以天津和西安为代表的地热供暖、以东南沿海为代表的疗养与旅游和以华北平原为代表的种植和养殖的开发利用格局。全国地热资源及发展情况方兴未艾:①地热资源勘查初步评价全面完成;②地热能直接利用量长期居世界首位;③浅中深层地热供暖面积持续增长;④地热发电装机容量实现大幅增长;⑤加大研发前瞻性能源-干热岩地热资源;⑥地热勘探开发利用装备发展较快。大力推进地热资源开发利用不仅对"优化能源结构""实现节能减排""改善生态环境"具有重大作用,而且对培育四川省新兴产业、促进新型城镇化建设、提升旅游品质、增加就业等方面均具有显著的拉动效应,是促进四川省生态文明建设的重要举措之一。

#### 1. 地热发展如火如荼,形势大好

随着 2017 年首份国家级地热能规划发布,我国地热开发利用进入一个全新的机遇期,地热能相关企业在国家和地方政府的支持下,取得了重大突破,诸如北京城市副中心、北京大兴国际机场、河北雄安新区等典型地源热泵工程,青海共和盆地干热岩的发现,中国赢得了 2023 年世界地热大会举办权,中国地热领域研究热点纷呈,地热勘查逐步走向精细化,地热开发逐步走向集约化,地热利用逐步走向综合化,地热成为地质界真正的热点。

北方地区冬季清洁取暖和打赢"蓝天保卫战"战略决策为地热利用创造了条件,我国地热能开发利用在政产学研的共同努力下实现了快速发展。地热能的开发利用已经受到社会多层次多方面的高度关注,从浅层地热能的热泵技术应用到中深层地热能供暖、中低温地热发电、西藏及青海的高温地热发电以及干热岩地热资源的研究开始有资金积极介入,国内多个科研院所成立了专门的地热研究机构,在人才培养、技术攻关上形成了核心力量;大型国有企业以及民营企业也纷纷加入了地热探测与开发利用的大军,发挥自身优势将地热利用向规模化方向推广。

地热发展如火如荼,在常规地热资源利用和技术配套方面,已形成了资源评价选区、钻井成井工艺、泵站及管网建设、节能集输、热能梯级利用、热泵技术等配套技术,并在地热尾水回灌和处理、地热水中矿物质提取、中高温地热发电等关键技术领域取得重要进

展，配套技术设备较成熟。主要体现在：用于地热能勘探开发的地球物理、钻井、热系、换热等一系列关键装备日趋成熟，地球物理勘查方面，中国拥有世界先进的二维地震、三维地震、时频电磁、大地电磁、重磁等装备。钻井工程方面，中国已成功研制万米钻机，石油钻井深度超过 8000m，全孔取心的大陆科学钻探钻井深度达 7018m，这些钻机均可用于地热能钻井工程。2018 年完成的中国大陆科学钻探松科二井高温水基泥浆耐温达 242℃，实施井底动力的螺杆钻具时温度达 180℃，可替代螺杆钻具的涡轮钻具时温度突破 240℃。热泵装备方面，目前中国已是地源热泵生产与消费大国，国产成套设备生产水平日益提高，国产设备占据了大部分国内市场，近年来，随着国家财税和相关激励政策的出台并实施，地源热泵系统和水热型地热能供暖系统发展迅速，带动了上下游相关新材料和高端装备产业、科研和服务业快速发展。

2. 围绕城市发展和重点工程建设，着力推进地热资源的开发利用

四川省多项国家战略和经济发展措施亟待地热资源提供支撑。

(1)"成渝地区双城经济圈"建设是习近平总书记亲自谋划、亲自部署、亲自推动的国家重大区域发展战略，积极开发利用地热资源有利于增强成渝地区经济和人口承载能力，增强区域发展活力、城市魅力和国际影响力，支撑和带动区域高质量发展，加强建设高品质生活宜居地，促进资源合理配置，实现经济与社会相互协调、自然与人文相融共生、高质量发展与高品质生活相得益彰，清洁能源的利用有利于生态保护。

围绕成渝地区双城经济圈建设国家战略，大力发展地热资源的充分利用可有助于建设高品质生活宜居地、医疗康养胜地、资源合理配置、发展活力、城市魅力及加强生态环境保护，推动治蜀兴川再上新台阶。地热能资源开发利用包括两个方面。

一是围绕"成渝地区双城经济圈"建设，着力推动浅层地热能开发利用，提升地热能资源在城市建设空调应用所占比例，建设清洁能源、环境保护、生态宜居的环境和谐城市；以四川天府新区、成都东部新区及规划西部(成都)科学城为龙头，促进"两区一城"对地热资源的充分利用，带动成渝双城区间城市对地热能资源的开发利用。

二是围绕"成渝地区双城经济圈"建设及"一干多支"战略，积极推动开发一批中深层中低温地热资源，以温泉洗浴、疗养、住宿、餐饮为主体的特色产业，助力红色旅游、巴蜀文化旅游及特色文化旅游开发，提升旅游层次和价值。

(2)加快构建"5+1"现代产业体系，推动工业高质量发展是四川省委省政府为充分发挥先进制造业的支撑引领作用，加快构建具有四川特色优势的现代产业体系，推动全省工业高质量发展提出的意见，大力发展地热资源的开发利用，可全面推行清洁能源替代，提高能源清洁化利用水平，大力发展清洁能源产业，建设国家清洁能源示范省，提升四川省工业清洁生产水平和大力推动资源节约与综合利用。

(3)加快构建"4+6"现代服务业体系，推动服务业高质量发展是四川省委省政府为建设现代服务业强省，加快构建现代服务业体系、推动服务业高质量发展提出的意见。大力发展地热资源医疗和温泉洗浴产业可增强融合发展文体旅游。实施文体旅游融合发展工程，发展康养旅游新业态，打造十大知名文旅精品，培育一批天府旅游名县、文旅特色小镇、文旅产业园区(基地)和精品景区，推进文化和旅游消费示范城市建设。充分发挥地热

资源医疗作用可大力发展医疗康养服务，推动医疗康养产业创新发展，打造西部医疗康养高地。推进"医美之都"建设及康复辅助产业发展。

（4）加快建设现代农业"10+3"产业体系，深入实施乡村振兴战略，深化农业供给侧结构性改革，加快建设特色鲜明的现代农业产业体系，推进四川由农业大省向农业强省跨越。充分利用地热资源的种植、养殖及医疗、温泉洗浴作用，可增强产业链布局，服务于因地制宜发展休闲农业、森林康养、乡村旅游等新业态。

（5）建设川藏铁路是促进民族团结、维护国家统一、巩固边疆稳定的需要，是促进西藏经济社会发展的需要，是贯彻落实党中央治藏方略的重大举措。川藏铁路成蒲段作为成都中心城区连接西部县（市、区）的快速铁路通道，对促进城乡一体协调发展、推动成都国际性综合交通通信枢纽功能建设具有重要作用。加强川西地区交通基础设施建设，促进四川西部、青藏高原东部地区交通不便的城镇和四川省内甘孜、阿坝等地经济社会发展具有十分重要的意义。

川藏铁路沿线有着四川最丰富的中高温地热资源，加快地热资源的开发利用，无疑将为川藏铁路的建设和运营提供自然资源保障。以川藏铁路建设为契机，促进川西高原地热资源的开发利用。川西高原由于其特殊的地质环境条件，地热泉点露头众多，温度差异大，类型多样，地热资源丰富，具有很高的发电、供暖、洗浴、理疗、观赏、养殖、种植等价值，但因地理、交通等条件限制，开发利用程度不高，甚至开发程度极低。川西高原地热开发可从以下三方面入手。

一是川藏铁路沿线及站场多为高寒县，寒冷期较长，应充分利用沿线丰富的地热资源为川藏铁路供暖提供能源保障，有助于环境保护、地热资源梯级综合利用，可有效助推川藏铁路绿色发展。

二是围绕川藏铁路对地区经济的带动作用，大力开发沿线以及辐射区的地热资源，助力城镇供暖、旅游、农业种植、水产养殖等的发展。

三是勘探开发深层地热资源，探明大中型地热田，尝试建立高温地热发电基地，为地区经济发展提供助力。

（6）川西高原地区地热资源丰富，中、高温地热资源广布，拥有开发利用地热资源的先决条件，且当地政府和群众对地热发电、供暖以及综合梯级利用需求强烈，具有极大的开发利用前景。

①地热发电。川西高原位于青藏高原东南缘，处于印度板块与欧亚板块碰撞前缘地带，为喜马拉雅东构造结构所在地，是喜马拉雅造山带变形最强烈的地区之一。新生代以来，川西高原逐渐隆升，局部有岩浆底侵的存在，同时川西高原也是构成青藏川滇"歹"字形构造体系头部至中部的一部分，褶皱、断裂均很发育，且规模巨大，高温地热资源发育，同时依据干热岩资源形成及开发利用过程中的重难点，综合考虑控热构造发育、地表热显示强烈、地温梯度大、大地热流值高、居里面埋深浅、花岗岩形成时期新、深部岩体易于高压水破碎、盖层热导率低、地震活动弱等特点，并结合钻探经济可行性，圈定了稻城、康定、巴塘、理塘等多个具有干热岩潜力的优势靶区，说明川西高原具备蕴藏干热岩地热资源的条件，干热岩资源极其丰富。

川西高原地区供电多为小型水电站，在冬季缺水的情况下，很难利用水力发电，形成的小型电网甚至需要大型电网对其回补,冬季缺电现象严重,迫切需要寻找新的发电能源、加大电网投资建设,改善群众用电环境。而地热发电不受季节影响,且环保无污染,是解决群众冬季安全、环保用电的重要方式。

总之,川西高原地热资源丰富,且当地政府和群众有强烈的需求,地热发电潜力巨大。

②地热供暖。川西高原冬季最低气温达到−26℃,严寒而漫长,进行供暖十分必要。

与此同时,川西高原不具备开发浅层地热能的条件,而人口聚集区与中、深层地热资源分布区具有较好的空间叠置性,即人口密集区也正好是温泉出露密集区:如康定、理塘、甘孜、稻城等地人口较密集,且均为待解决供暖问题的高寒县,温泉出露密集区距城市距离小于20km,既满足地热供暖的水温和水量要求,又满足地热资源距城市的距离要求,开展地热供暖会取得较好的经济效益。因此,在川西地区开发利用中、深层地热资源供暖具有可行性,地热供暖前景可观。

③地热资源综合梯级利用。川西高原的高温地热资源可以用于发电,余热可以进行供暖、洗浴、温泉旅游、生态农业、水产养殖等。通过地热资源的综合梯级开发利用,调整地方经济产业结构,以地热资源综合开发利用形成产业链,发展集约型经济增长方式,不仅能够发展经济,同时相对传统能源消耗单位 GDP 能耗反而减小,节约煤炭、石油等化石能源的消耗,减轻环境压力,实现减排指标。

## 7.2.3 经济、社会、环境效益

### 7.2.3.1 经济效益

(1)四川省现有地热资源量可折合标准煤$3340×10^8$t,可节省各类环境治理费$4800×10^8$元/a,可供暖$37×10^8$m$^2$/a,同时可带动温泉洗浴周边相关产业的发展,经济效益明显。

(2)高温地热发电的经济效益远不止发电本身所带来的回报,发电后排出的热水可进行梯级多用途综合利用,具有很多潜在的经济价值,可以促进配套产业的发展;地热能发电较其他常规能源发电对环境的影响小,可极大减少维护和改善生态环境所需的成本。随着地热开发技术的提高,热损耗更低,产生的余热更加惊人,支撑循环经济发展。

(3)地热资源用于洗浴、旅游等方向的开发利用,可吸引商业投资,刺激当地经济发展,同时减缓就业压力,增加居民经济收入。

### 7.2.3.2 社会效益

近年来国家投入大量资金开展了公益性调查、勘查工作,引起各级政府、各大国企和民企的重视,增强了投资商对商业性地热开发的信心,地热市场不断拓宽,大大加快了全国各地包括中西部地区地热资源的勘查开发速度。

在地热发电、采暖、温室、养殖、温泉洗浴、旅游、提取化工原料以及瓶装矿泉水等方面已获得广泛利用。随着地热技术的不断发展,成本不断降低,地热资源将会得到更好的发展。地热发电、供暖、温泉洗浴、旅游等开发利用,必将促进相关产业的发展,吸引投资,从而有力拉动地区经济的发展,解决部分就业问题,促进人民群众物质文化水平的提高,推动经济以及各项事业的发展。

### 7.2.3.3　环境效益

地热资源是一种清洁、无污染的可再生能源，开发利用可以减少因开发一次能源而造成的污染物排放、毁坏植被、生态环境破坏等问题。在如今全球环境污染问题越来越突出的情况下，充分利用可再生资源发电、供热，在提供新能源的同时，不产生烟尘、$SO_2$、温室气体、废水等污染物，不会因开发造成自然界不可恢复的破坏，具有非常突出的环境效益。

据统计，四川省中深部地热资源可节煤 $3.94\times10^7t/a$，减少二氧化碳排放 $9.40\times10^7t/a$，减少二氧化硫排放 $6.70\times10^5t/a$，减少氮氧化物排放 $2.37\times10^5t/a$，减少悬浮质粉尘 $3.15\times10^5$ t/a，减少煤灰渣排放 $3.94\times10^6t/a$。对减轻环境污染、保护生态环境作用显著。

# 主要参考文献

毕玉荣, 2011. 地热资源开发应用现状及前景综述[J]. 石油石化节能, 1(10): 7-10, 48.

陈梓慧, 郑克栈, 姜建军, 2015. 试论我国干热岩地热资源开发战略[J]. 水文地质工程地质, 42(3): 161-166.

多吉, 王贵玲, 郑克栈, 2017. 中国地热资源开发利用战略研究[M]. 北京: 科学出版社.

付亚荣, 李明磊, 王树义, 等, 2018. 干热岩勘探开发现状及前景[J]. 石油钻采工艺, 40(4): 526-540.

甘浩男, 王贵玲, 蔺文静, 等, 2015. 中国干热岩资源主要赋存类型与成因模式[J]. 科技导报, 33(19): 22-27.

郭森, 马致远, 李劲彬, 等, 2015. 我国地热供暖的现状及展望[J]. 西北地质, 48(4): 204-209.

何茂富, 1984. 四川地区区域重力场的基本特征[J]. 四川地震(2): 9-11.

何茂富, 1982. 重力异常不同高度解析延拓结果的讨论[J]. 四川地震(4): 32-35.

胡俊文, 闫家泓, 王社教, 2018. 我国地热能的开发利用现状、问题与建议[J]. 环境保护, 46(8): 45-48.

胡圣标, 何丽娟, 汪集旸, 2001. 中国大陆地区大地热流数据汇编(第三版)[J]. 地球物理学报, 44(5): 611-626.

胡亚召, 屈泽伟, 袁伟, 2017. 剑阁县清江湖地热水成因模式初探[J]. 新能源进展, 5(3): 238-242.

黄方, 刘琼颖, 何丽娟, 2012. 晚喜山期以来四川盆地构造-热演化模拟[J]. 地球物理学报, 55(11): 3742-3753.

黄尚瑶, 杨毓桐, 2002. 中国城市地热开发30年[C]//北京地热国际研讨会论文集. 北京: 北京地热国际研讨会.

姜光政, 高堋, 饶松, 等, 2016. 中国大陆地区大地热流数据汇编(第四版)[J]. 地球物理学报, 59(8): 2892-2910.

李德威, 王焰新, 2016. 干热岩地热能研究与开发的若干重大问题[J]. 地热能(2): 15-25.

罗敏, 任蕊, 袁伟. 2016. 四川省地热资源类型、分布及成因模式探析[J]. 四川地质学报(1): 47-50, 59.

鹿清华, 张晓熙, 何祚云, 2012. 国内外地热发展现状及趋势分析[J]. 石油石化节能与减排, 2(1): 39-42.

刘时彬, 2005. 地热资源及其开发利用和保护[M]. 北京: 化学工业出版社.

蔺文静, 刘志明, 王婉丽, 等, 2013. 中国地热资源及其潜力评估[J]. 中国地质, 40(1): 312-321.

李文静, 姚海清, 张文科, 等, 2021. 中深层地热能利用技术的研究与发展[J]. 区域供热(4): 50-59.

马伟斌, 龚宇烈, 赵黛青, 等, 2016. 我国地热能开发利用现状与发展[J]. 中国科学院院刊, 31(2): 199-207.

毛翔, 国殿斌, 罗璐, 等, 2019. 世界干热岩地热资源开发进展与地质背景分析[J]. 地质论评, 65(6): 1462-1472.

倪高倩, 韦玉婷, 屈泽伟, 等, 2016. 四川省地热资源分布及特征简析[J]. 四川地质学报, 36(2): 239-242.

四川省地矿局, 1991. 四川省区域地质志[M]. 北京: 地质出版社.

孙红丽, 马峰, 刘昭, 等, 2015. 西藏高温地热显示区氟分布及富集特征[J]. 中国环境科学, 35(1): 251-259.

田野, 2018. 浅谈地热资源的类型与开发利用[J]. 西部资源(6): 137-138.

汪集旸, 2015. 地热学及其应用[M]. 北京: 科学出版社.

汪集旸, 胡圣标, 庞忠和, 等, 2013. 中国大陆干热岩地热资源潜力评估[C]//中国科学院地质与地球物理研究所 2012 年度(第
    12 届)学术论文汇编. 北京: 中国科学院地质与地球物理研究所 2012 年度(第 12 届)学术年会.

汪集旸, 黄少鹏, 1990. 中国大陆地区大地热流数据汇编(第二版)[J]. 地震地质(4): 351-363, 366.

汪集旸, 刘时彬, 朱化周, 2000. 21 世纪中国地热能发展战略[J]. 中国电力, 33(9): 85-90, 94.

汪集暘, 邱楠生, 胡圣标, 等, 2017. 中国油田地热研究的进展和发展趋势[J]. 地学前缘, 24(3): 1-12.

王贵玲, 张薇, 梁继运, 等, 2017. 中国地热资源潜力评价[J]. 地球学报, 38(4): 449-459.

王贵玲, 张薇, 蔺文静, 等, 2018. 全国地热资源调查评价与勘查示范工程进展[J]. 中国地质调查, 5(2): 1-7.

王贵玲, 刘彦广, 朱喜, 等, 2020. 中国地热资源现状及发展趋势[J]. 地学前缘, 27(1): 1-9.

王钧, 黄尚瑶, 黄歌山, 等, 1986. 中国南部地温分布的基本特征[J]. 地质学报(3): 297-310.

王转转, 欧成华, 王红印, 等, 2019. 国内地热资源类型特征及其开发利用进展[J]. 水利水电技术, 50(6): 187-195.

闻鑫, 2018. 地热资源开发应用现状及趋势探讨[J]. 化工管理(25): 109.

韦玉婷, 胡亚召, 2014. 理塘县卡辉地区温泉形成模式分析[J]. 地质灾害与环境保护, 25(2): 78-82.

韦玉婷, 罗敏, 袁伟, 等, 2014. 四川省泸县玉蟾山地区地下热矿水深循环模式浅析[J]. 长春工程学院学报(自然科学版), 15(1): 76-78, 112.

武选民, 柏琴, 苑惠明, 等, 2007. 冰岛地热资源开发利用现状[J]. 水文地质工程地质, 34(5): 129-130.

谢晓黎, 于汇津, 1988. 四川盆地区域地温场的特征[J]. 成都地质学院学报, 15(4): 107-114.

徐明, 朱传庆, 田云涛, 等, 2011. 四川盆地钻孔温度测量及现今地热特征[J]. 地球物理学报, 54(4): 1052-1060.

姚足金, 1986. 地热能开发研究的现状和趋势: 1985年国际地热能学术讨论会综述[J]. 水文地质工程地质(2): 34-36, 60.

袁伟, 冉光静, 张恒, 2015. 海螺沟温泉地质成因分析[J]. 中国矿业, 24(4): 83-87.

曾义金, 2015. 干热岩热能开发技术进展与思考[J]. 石油钻探技术, 43(2): 1-7.

詹麒, 2009. 国内外地热开发利用现状浅析[J]. 理论月刊(7): 71-75.

张超, 张盛生, 李胜涛, 等, 2018. 共和盆地恰卜恰地热区现今地热特征[J]. 地球物理学报, 61(11): 4545-4557.

张季生, 吴功建, 2001. 世界直接利用地热资源的现状[J]. 物探与化探, 25(2): 90-94, 101.

张健, 李午阳, 唐显春, 等, 2017. 川西高温水热活动区的地热学分析[J]. 中国科学: 地球科学, 47(8): 899-915.

张庆, 2014. 增强型地热系统人工压裂机理研究及应用[D]. 长春: 吉林大学.

张森琦, 文冬光, 许天福, 等, 2019. 美国干热岩"地热能前沿瞭望台研究计划"与中美典型EGS场地勘查现状对比[J]. 地学前缘, 26(2): 321-334.

张先, 虎喜凤, 沈京秀, 等, 1996. 四川盆地及其西部边缘震区居里等温面的研究. 地震学报, 18(1): 83-88.

张英, 冯建赟, 何治亮, 等, 2017. 地热系统类型划分与主控因素分析[J]. 地学前缘, 24(3): 190-198.

张薇, 王贵玲, 刘峰, 等, 2019. 中国沉积盆地型地热资源特征[J]. 中国地质, 46(2): 255-268.

赵平, 汪集旸, 汪缉安, 等, 1995. 中国东南地区岩石生热率分布特征[J]. 岩石学报, 11(3): 292-305.

郑克炎, 1994. 冰岛和美国地热资源开发利用概况[J]. 中国地质, 21(4): 28-30.

郑克棪, 潘小平, 2009. 中国地热发电开发现状与前景[J]. 中外能源, 14(2): 45-48.

Bargiacchi E, Conti P, Manzella A, et al., 2020. Thermal uses of geothermal energy, country update for Italy[C]//Proceedings, World Geothermal Congress 2020. Reykjavik, Iceland.

Bowen R, 1989. Geothermal Resources[M]. Dordrecht: Springer Netherlands.

Carey B, Daysh S, Doorman P, et al., 2020. 2015-2020 New Zealand country update[C]//Proceedings, Proceedings World Geothermal Congress 2020. Reykjavik, Iceland.

Huttrer G W, 2020. Geothermal power generation in the World 2015-2020 Update Report[C]// Proceedings World Geothermal Congress 2020. Reykjavik: WGC.

Gong B, Liang H B, Xin S L, et al., 2013. Numerical studies on power generation from co-produced geothermal resources in oil fields and change in reservoir temperature[J]. Renewable Energy, 50(2): 722-731.

Wang G L, Zhang W, Ma F, et al., 2018. Overview on hydrothermal and hot dry rock researches in China[J]. China Geology, 1(2): 273-285.

Kallin J, 2019. Geothermal energy use, country update for finland[C]// Proceedings, European Geothermal Congress 2019. The Netherlands: EGC.

Lund J W, Freeston D H, Boyd T L, 2005. Direct application of geothermal energy: 2005 worldwide review[J]. Geothermics, 34(6): 691-727.

Lund J W, 2012. Direct heat utilization of geothermal resources[J]. Geo-Heat Center Quarterly Bulletin, 17(3): 6-9.

Lund J W, Freeston D H, Boyd T L, 2011. Direct utilization of geothermal energy 2010 worldwide review[J]. Geothermics, 40(3): 159-180.

Lund J W, Boyd T L, 2016. Direct utilization of geothermal energy 2015 worldwide review[J]. Geothermics, 60(3): 66-93.

Zhang W, Wang G L, Liu F, et al., 2019. Characteristics of geothermal resources in sedimentary basins[J]. Geology in China, 46(2): 255-268.

Zheng K Y, 2020. Geothermal utilization in China: world famous but promising[J]. China Electric Power(10): 23-25.

# 附录

附图1 四川省地热（温泉）点分布图

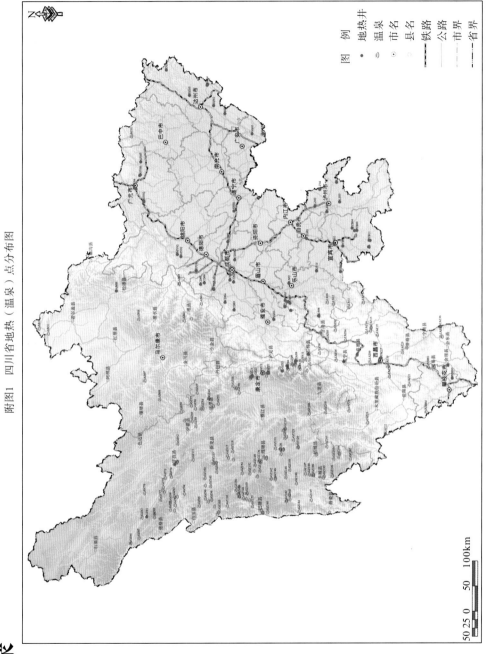

图 例
* 地热井
♨ 温泉
⊙ 市名
○ 县名
--- 铁路
— 公路
—— 市界
---- 省界

50 25 0    50    100km

附表 1 四川省地热（温泉）点情况一览表

| 序号 | 地热(温泉) | 类型 | 温度/℃ | 流量/(L/s) | 水质类型 | 开发利用方式 |
|---|---|---|---|---|---|---|
| 1 | 阿坝州汶川县草坡乡草坡温泉 | 温泉 | 28 | 0.50 | — | 未利用 |
| 2 | 阿坝州理县古尔沟温泉 | 温泉 | 62 | 10.45 | SO₄-Na | 医疗保健 |
| 3 | 阿坝州理县甲石口沟温泉 | 温泉 | 44 | 0.61 | HCO₃-Na | 未利用 |
| 4 | 阿坝州茂县凤仪镇吉鱼1号温泉 | 温泉 | 28 | 2.60 | SO₄·HCO₃-Ca·Mg | 简易医疗保健 |
| 5 | 阿坝州茂县凤仪镇吉鱼2号温泉 | 温泉 | 33.7 | 1.54 | — | 未利用 |
| 6 | 阿坝州黑水县晴朗乡热水塘温泉 | 温泉 | 46 | 0.80 | HCO₃·SO₄-Na | 医疗保健 |
| 7 | 阿坝州马尔康市宝岩村草登温泉 | 温泉 | 48 | 1.14 | HCO₃-Na | 简易医疗保健 |
| 8 | 阿坝州壤塘县蒲西乡尤日温泉 | 温泉 | 32 | 1.80 | HCO₃·SO₄-Na | 简易医疗保健 |
| 9 | 阿坝州松潘县川主寺黑斯村温泉 | 地热井 | 37 | 4.63 | HCO₃-Ca·Mg | 未利用 |
| 10 | 阿坝州若尔盖县降扎温泉 | 温泉 | 50 | 3.11 | HCO₃·SO₄-Ca·Mg | 医疗保健 |
| 11 | 阿坝州若尔盖县红星镇河它温泉 | 温泉 | 31 | 10.30 | HCO₃-Ca·Mg | 简易医疗保健 |
| 12 | 巴中市南江县桥亭镇盐井坎温泉 | 温泉 | 25.5 | 3.18 | Cl·HCO₃·SO₄-Na·Ca | 未利用 |
| 13 | 成都市温江区红桥社区温泉 | 地热井 | 36.3 | 9.95 | — | 未利用 |
| 14 | 成都市温江区鱼凫温泉 | 地热井 | 38 | 8.45 | SO₄·Cl-Na | 医疗保健 |
| 15 | 成都市大邑县花水湾温泉 | 地热井 | 68 | 4.05 | Cl·SO₄-Na | 医疗保健 |
| 16 | 成都市崇州市文锦江温泉 | 地热井 | 66 | 1.25 | Cl-Na | 医疗保健 |
| 17 | 成都市都江堰市香颂湖温泉 | 地热井 | 39 | 1.33 | Cl-Na | 未利用 |
| 18 | 成都市彭州市通济镇温泉 | 地热井 | 41.3 | 1.16 | — | 未利用 |
| 19 | 成都市彭州市宝山温泉 | 地热井 | 43 | 1.83 | Cl-Na | 医疗保健 |
| 20 | 成都市龙泉驿区百工堰温泉 | 地热井 | 36 | 2.31 | — | 未利用 |
| 21 | 成都市金堂县温泉 | 地热井 | 32 | 2.31 | — | 未利用 |
| 22 | 德阳市绵竹市麓棠镇麓棠温泉 | 地热井 | 38 | 7.80 | HCO₃-Na | 医疗保健 |
| 23 | 达州市大竹县朝阳乡百岛湖温泉 | 地热井 | 44 | 88.92 | — | 未利用 |
| 24 | 达州市达川区平滩镇仙女山温泉 | 地热井 | 36.5 | 2.16 | SO₄-Ca·Mg | 医疗保健 |
| 25 | 达州市开江县新宁镇飞云温泉 | 地热井 | 47 | 13.05 | SO₄-Ca | 医疗保健 |
| 26 | 达州市开江县新宁镇新大天井温泉 | 地热井 | 32 | 2.47 | SO₄·HCO₃-Ca·Mg | 未利用 |
| 27 | 达州市宣汉县南坝镇曹家湾温泉 | 地热井 | 25 | 1.09 | HCO₃-Na | 生活用水、农灌 |
| 28 | 达州万源市旧院镇龙潭河温泉 | 地热井 | 38 | 8.10 | SO₄-Ca·Mg | 未利用 |
| 29 | 广安市邻水县牟家镇温泉 | 地热井 | 42 | 92.59 | — | 未利用 |
| 30 | 广安市邻水县牟家镇响水凼温泉 | 温泉 | 31 | 0.14 | SO₄·Cl-Ca·Na | 未利用 |

续表

| 序号 | 地热(温泉) | 类型 | 温度/℃ | 流量/(L/s) | 水质类型 | 开发利用方式 |
|---|---|---|---|---|---|---|
| 31 | 广安市邻水县小南海温泉 | 地热井 | 52 | 11.57 | SO₄-Ca | 医疗保健 |
| 32 | 广元市剑阁县大河坝温泉 | 地热井 | 54 | 9.93 | SO₄-Ca | 医疗保健 |
| 33 | 广元市剑阁县天赐温泉 | 地热井 | 59 | 33.14 | SO₄-Ca | 医疗保健 |
| 34 | 广元市利州区川北温泉 | 地热井 | 40 | 4.76 | SO₄-Ca·Mg | 生活用水 |
| 35 | 广元市利州区皇泽寺温泉 | 地热井 | 51.3 | 67.70 | — | 医疗保健 |
| 36 | 广元市昭化区元坝镇瓦房里温泉 | 地热井 | 52 | 26.08 | — | 医疗保健 |
| 37 | 广元市昭化区柳桥镇柳桥村温泉 | 地热井 | 43 | 26.48 | — | 医疗保健 |
| 38 | 广元市旺苍县高阳镇鹿亭溪温泉 | 地热井 | 43 | 0.58 | SO₄-Ca·Mg | 医疗保健 |
| 39 | 甘孜州泸定县燕子沟镇跃进村温泉 | 温泉 | 47.9 | 1.50 | HCO₃-Na | 医疗保健 |
| 40 | 甘孜州泸定县燕子沟1号温泉 | 地热井 | 28.5 | 3.50 | HCO₃-Na·Ca | 未利用 |
| 41 | 甘孜州泸定县燕子沟2号温泉 | 温泉 | 25 | 2.50 | — | 未利用 |
| 42 | 甘孜州泸定县海螺沟二号营地冰川温泉 | 温泉 | 92 | 103.00 | — | 简易医疗保健 |
| 43 | 甘孜州泸定县海螺沟贡嘎神汤 | 地热井 | 65 | 9.71 | — | 医疗保健 |
| 44 | 甘孜州泸定县海螺沟一号营地瑶池温泉 | 地热井 | 48 | 2.40 | HCO₃·SO₄-Na·Ca | 医疗保健 |
| 45 | 甘孜州泸定县得妥镇湾东村明香温泉 | 温泉 | 58.3 | 0.80 | HCO₃-Na·Ca | 医疗保健 |
| 46 | 甘孜州泸定县得妥镇湾东热水塘温泉 | 温泉 | 44 | 1.50 | — | 医疗保健 |
| 47 | 甘孜州泸定县得妥镇湾东温泉 | 温泉 | 56.5 | 0.15 | — | 简易医疗保健 |
| 48 | 甘孜州康定市清泉村温泉 | 地热井 | 65 | 2.78 | HCO₃-Na·Ca | 未利用 |
| 49 | 甘孜州康定市榆林宫温泉 | 地热井 | 190 | 58.78 | — | 供暖 |
| 50 | 甘孜州康定市榆林街道龙头沟1号温泉 | 温泉 | 70.4 | 1.20 | HCO₃·Cl-Na | 医疗保健 |
| 51 | 甘孜州康定市榆林街道龙头沟2号温泉 | 温泉 | 63.5 | 0.32 | HCO₃·Cl-Na | 医疗保健 |
| 52 | 甘孜州康定市榆林街道磨房村温泉 | 温泉 | 65.9 | 0.23 | HCO₃·Cl-Na | 医疗保健 |
| 53 | 甘孜州康定市折多塘温泉 | 温泉 | 38.3 | 0.25 | HCO₃-Na | 简易医疗保健 |
| 54 | 甘孜州康定市榆林街道金家河坝温泉 | 温泉 | 47.5 | 0.58 | HCO₃·Cl-Na | 医疗保健 |
| 55 | 甘孜州康定市街道榆林街道灌顶温泉 | 温泉 | 81 | 2.30 | HCO₃·Cl-Na | 简易医疗保健 |
| 56 | 甘孜州康定市榆林街道白湾温泉 | 地热井 | 84 | 1.71 | HCO₃·Cl-Na | 未利用 |
| 57 | 甘孜州康定市榆林街道榆林宫温泉 | 地热井 | 85 | 0.50 | — | 未利用 |
| 58 | 甘孜州康定市清泉村温泉 | 温泉 | 40 | 35.88 | HCO₃-Na | 医疗保健 |
| 59 | 甘孜州康定市二道桥温泉 | 温泉 | 37 | 10.00 | — | 医疗保健 |
| 60 | 甘孜州康定市牛窝沟药池温泉 | 温泉 | 45.7 | 0.05 | — | 简易医疗保健 |

| 序号 | 地热(温泉) | 类型 | 温度/℃ | 流量/(L/s) | 水质类型 | 开发利用方式 |
|---|---|---|---|---|---|---|
| 61 | 甘孜州康定市牛窝沟七色海温泉 | 温泉 | 32 | 0.07 | — | 未利用 |
| 62 | 甘孜州康定市雅拉乡中谷温泉一井 | 地热井 | 68 | 0.50 | $HCO_3$-Na | 未利用 |
| 63 | 甘孜州康定市雅拉乡中谷村1号温泉 | 温泉 | 40 | 0.15 | $HCO_3$-Na·Ca | 未利用 |
| 64 | 甘孜州康定市雅拉乡中谷温泉二井 | 地热井 | 99 | 13.61 | $HCO_3$-Na | 未利用 |
| 65 | 甘孜州康定市雅拉乡大盖温泉 | 地热井 | 83 | 0.48 | $HCO_3$-Na | 医疗保健 |
| 66 | 甘孜州康定市雅拉乡热水塘温泉 | 地热井 | 65 | 0.87 | — | 未利用 |
| 67 | 甘孜州康定市雅拉乡中谷村温泉 | 地热井 | 72 | 0.50 | $HCO_3$-Na | 医疗保健 |
| 68 | 甘孜州康定市小龙布沟温泉 | 温泉 | 25 | 0.01 | — | 未利用 |
| 69 | 甘孜州康定市雅拉乡热水塘1号温泉 | 温泉 | 46 | 0.23 | $HCO_3$-Na | 温室种植 |
| 70 | 甘孜州康定市雅拉乡热水塘2号温泉 | 温泉 | 61 | 0.19 | $HCO_3$-Na | 温室种植 |
| 71 | 甘孜州康定市雅拉乡热水塘3号温泉 | 温泉 | 45 | 0.04 | $HCO_3$-Na | 简易医疗保健 |
| 72 | 甘孜州康定市雅拉乡热水塘4号温泉 | 温泉 | 25.5 | 0.38 | $HCO_3$-Na | 未利用 |
| 73 | 甘孜州康定市雅拉乡中谷村2号温泉 | 温泉 | 37 | 0.04 | $HCO_3$-Na | 未利用 |
| 74 | 甘孜州康定市雅拉乡中谷村3号温泉 | 温泉 | 62 | 0.17 | $HCO_3$-Na | 屠宰用水 |
| 75 | 甘孜州康定市雅拉乡中谷村4号温泉 | 温泉 | 47 | 0.36 | $HCO_3$-Na | 温室种植 |
| 76 | 甘孜州康定市雅拉乡中谷村5号温泉 | 温泉 | 48 | 0.03 | $HCO_3$-Na | 简易医疗保健 |
| 77 | 甘孜州康定市雅拉乡大盖1号温泉 | 温泉 | 37 | 0.53 | $HCO_3$-Na | 未利用 |
| 78 | 甘孜州康定市雅拉乡大盖2号温泉 | 温泉 | 42.5 | 0.18 | $HCO_3$-Na | 简易医疗保健 |
| 79 | 甘孜州康定市雅拉乡中谷村6号温泉 | 温泉 | 32 | 0.59 | $HCO_3$-Na | 简易医疗保健 |
| 80 | 甘孜州丹巴县东谷镇牦牛沟1号温泉 | 温泉 | 67 | 2.50 | $HCO_3$-Na | 简易医疗保健 |
| 81 | 甘孜州丹巴县东谷镇牦牛村肯布温泉 | 温泉 | 48 | 0.13 | $HCO_3$-Na | 简易医疗保健 |
| 82 | 甘孜州丹巴县东谷镇牦牛沟2号温泉 | 温泉 | 32 | 0.95 | $HCO_3$-Ca·Na | 简易医疗保健 |
| 83 | 甘孜州丹巴县边耳乡党岭村1号温泉 | 温泉 | 41 | 1.20 | $HCO_3$-Na·Ca | 简易医疗保健 |
| 84 | 甘孜州丹巴县边耳乡党岭村2号温泉 | 温泉 | 78 | 0.20 | $HCO_3$-Na·Ca | 简易医疗保健 |
| 85 | 甘孜州丹巴县边耳乡党岭村3号温泉 | 温泉 | 50 | 0.40 | — | 简易医疗保健 |
| 86 | 甘孜州丹巴县边耳乡党岭村4号温泉 | 温泉 | 48 | 1.60 | — | 简易医疗保健 |
| 87 | 甘孜州丹巴县丹东村热水塘温泉 | 温泉 | 43 | 0.12 | — | 生活用水 |
| 88 | 甘孜州道孚县八美镇卡马温泉 | 温泉 | 32 | 0.49 | $HCO_3$-Ca·Na·Mg | 简易医疗保健 |
| 89 | 甘孜州道孚县葛卡乡苍龙沟温泉 | 温泉 | 41 | 1.08 | $HCO_3$-Na·Ca·Mg | 简易医疗保健 |
| 90 | 甘孜州道孚县葛卡乡龙普沟温泉 | 温泉 | 47 | 0.95 | — | 医疗保健 |
| 91 | 甘孜州道孚县葛卡乡龙普沟温泉 | 温泉 | 42 | 2.10 | $HCO_3$-Na | 医疗保健 |

| 序号 | 地热(温泉) | 类型 | 温度/℃ | 流量/(L/s) | 水质类型 | 开发利用方式 |
|---|---|---|---|---|---|---|
| 92 | 甘孜州道孚县七美乡二村温泉 | 温泉 | 54 | 4.50 | $HCO_3$-Na | 简易医疗保健 |
| 93 | 甘孜州道孚县七美乡一村温泉 | 温泉 | 52 | 2.10 | $HCO_3$-Na·Ca | 简易医疗保健 |
| 94 | 甘孜州道孚县甲宗镇玉科温泉 | 温泉 | 40 | 0.83 | $HCO_3$-Ca·Na | 医疗保健 |
| 95 | 甘孜州道孚县银恩乡七其沟温泉 | 温泉 | 32 | 0.53 | $HCO_3$-Ca·Na | 简易医疗保健 |
| 96 | 甘孜州道孚县麻孜乡新江沟温泉 | 温泉 | 49 | 1.80 | $HCO_3$-Na | 医疗保健 |
| 97 | 甘孜州炉霍县宜木乡虾拉沱村温泉 | 温泉 | 41 | 1.30 | $HCO_3$-Na·Ca | 医疗保健 |
| 98 | 甘孜州炉霍县下罗柯马乡温泉 | 温泉 | 41 | 1.10 | — | 未利用 |
| 99 | 甘孜州炉霍县下罗柯马乡温泉 | 温泉 | 25 | 0.35 | — | 未利用 |
| 100 | 甘孜州炉霍县旦都乡格底村温泉 | 温泉 | 30 | 1.03 | — | 简易医疗保健 |
| 101 | 甘孜州甘孜县拖坝1号温泉 | 温泉 | 49 | 0.33 | $HCO_3$-Na | 未利用 |
| 102 | 甘孜州甘孜县拖坝2号温泉 | 温泉 | 89 | 0.15 | $SO_4$-Na | 简易医疗保健 |
| 103 | 甘孜州甘孜县拖坝3号温泉 | 温泉 | 45 | 2.73 | $SO_4$·Cl-Na | 简易医疗保健 |
| 104 | 甘孜州甘孜县色西底乡曲卡村1号温泉 | 温泉 | 43 | 5.72 | $HCO_3$-Na·Ca | 简易医疗保健 |
| 105 | 甘孜州甘孜县色西底乡曲卡村2号温泉 | 温泉 | 35 | 0.23 | — | 未利用 |
| 106 | 甘孜州甘孜县康巴温泉 | 温泉 | 37 | 0.75 | $HCO_3$-Na | 医疗保健 |
| 107 | 甘孜州甘孜县仁果乡色别村温泉 | 温泉 | 50 | 0.35 | — | 未利用 |
| 108 | 甘孜州甘孜县来马镇查纳村温泉 | 温泉 | 35 | 87.00 | — | 简易医疗保健 |
| 109 | 甘孜州甘孜县扎科乡麦玉温泉 | 温泉 | 44 | 0.68 | $HCO_3$-Na | 简易医疗保健 |
| 110 | 甘孜州甘孜县烈士陵园温泉 | 地热井 | 50.5 | 1.50 | $HCO_3$-Na | 医疗保健 |
| 111 | 甘孜州德格县错阿乡措通村温泉 | 温泉 | 45 | 1.90 | — | 简易医疗保健 |
| 112 | 甘孜州德格县错阿乡马达村温泉 | 温泉 | 35 | 0.52 | — | 简易医疗保健 |
| 113 | 甘孜州德格县错阿乡绒岔卡村温泉 | 温泉 | 70 | 3.00 | — | 未利用 |
| 114 | 甘孜州德格县马尼干戈1号温泉 | 温泉 | 59 | 2.07 | $HCO_3$-Na | 简易医疗保健 |
| 115 | 甘孜州德格县马尼干戈2号温泉 | 温泉 | 30 | 0.21 | — | 未利用 |
| 116 | 甘孜州德格县年古乡同古村温泉 | 温泉 | 71.5 | 1.90 | — | 简易医疗保健 |
| 117 | 甘孜州德格县柯洛洞乡温泉 | 温泉 | 64 | 1.80 | — | 简易医疗保健 |
| 118 | 甘孜州德格县柯洛洞乡温泉 | 温泉 | 55 | 1.20 | — | 未利用 |
| 119 | 甘孜州德格县竹庆镇温泉 | 地热井 | 38 | 1.50 | $HCO_3$·$SO_4$-Na·Ca | 医疗保健 |
| 120 | 甘孜州德格县竹庆镇三岔河热水塘温泉 | 温泉 | 51 | 1.20 | — | 简易医疗保健 |
| 121 | 甘孜州德格县俄支乡乔让村1号温泉 | 温泉 | 67 | 2.56 | $HCO_3$-Na | 未利用 |

| 序号 | 地热(温泉) | 类型 | 温度/℃ | 流量/(L/s) | 水质类型 | 开发利用方式 |
|---|---|---|---|---|---|---|
| 122 | 甘孜州德格县俄支乡乔让村2号温泉 | 温泉 | 59 | 1.50 | — | 简易医疗保健 |
| 123 | 甘孜州德格县俄支乡乔让村3号温泉 | 温泉 | 27 | 0.23 | — | 未利用 |
| 124 | 甘孜州德格县俄支乡乔让村4号温泉 | 温泉 | 35 | 1.75 | — | 简易医疗保健 |
| 125 | 甘孜州德格县俄南乡提绒沟温泉 | 温泉 | 42 | 1.80 | — | 简易医疗保健 |
| 126 | 甘孜州德格县岳巴乡阿木拉温泉 | 温泉 | 42 | 0.14 | — | 简易医疗保健 |
| 127 | 甘孜州德格县岳巴乡温泉 | 温泉 | 30 | 1.57 | — | 简易医疗保健 |
| 128 | 甘孜州德格县达马镇绒麦村温泉 | 温泉 | 30 | 0.50 | — | 未利用 |
| 129 | 甘孜州白玉县登龙乡定戈村温泉 | 温泉 | 52 | 1.23 | — | 简易医疗保健 |
| 130 | 甘孜州白玉县赠科乡则曲村温泉 | 温泉 | 31 | 2.00 | — | 未利用 |
| 131 | 甘孜州白玉县赠科乡温泉 | 温泉 | 30 | 3.50 | — | 未利用 |
| 132 | 甘孜州白玉县赠科乡热土温泉 | 温泉 | 30 | 15.00 | — | 未利用 |
| 133 | 甘孜州白玉县章都乡查卡村温泉 | 温泉 | 25 | 1.30 | — | 未利用 |
| 134 | 甘孜州白玉县麻绒乡若当温泉 | 温泉 | 25 | 0.10 | — | 简易医疗保健 |
| 135 | 甘孜州白玉县麻绒乡马门村温泉 | 温泉 | 25 | 0.62 | — | 未利用 |
| 136 | 甘孜州白玉县麻绒乡血家村温泉 | 温泉 | 29 | 0.52 | — | 未利用 |
| 137 | 甘孜州白玉县麻绒乡血家村温泉 | 温泉 | 28 | 0.25 | — | 未利用 |
| 138 | 甘孜州白玉县阿察镇温泉 | 温泉 | 25 | 0.12 | — | 未利用 |
| 139 | 甘孜州白玉县阿察镇扎喀多温泉 | 温泉 | 45 | 1.45 | — | 简易医疗保健 |
| 140 | 甘孜州白玉县纳塔乡纳邛村温泉 | 温泉 | 53 | 0.12 | — | 未利用 |
| 141 | 甘孜州白玉县纳塔乡纳邛村七道班温泉 | 温泉 | 67 | 3.00 | $HCO_3$-Na | 简易医疗保健 |
| 142 | 甘孜州白玉县盖玉镇擦喀阔温泉 | 温泉 | 30 | 0.30 | — | 未利用 |
| 143 | 甘孜州白玉县盖玉镇兵站温泉 | 温泉 | 25 | 0.53 | — | 未利用 |
| 144 | 甘孜州白玉县盖玉镇色德村温泉 | 温泉 | 25 | 0.52 | — | 生活用水 |
| 145 | 甘孜州白玉县盖玉镇甘茨村温泉 | 温泉 | 55 | 0.50 | $HCO_3$-Na | 简易医疗保健 |
| 146 | 甘孜州白玉县盖玉镇色德村温泉 | 温泉 | 25 | 0.23 | — | 未利用 |
| 147 | 甘孜州白玉县沙马乡学巴村1号温泉 | 温泉 | 35 | 0.15 | — | 简易医疗保健 |
| 148 | 甘孜州白玉县沙马乡学巴村2号温泉 | 温泉 | 44 | 0.23 | — | 简易医疗保健 |
| 149 | 甘孜州新龙县大盖镇阿色温泉 | 温泉 | 45 | 1.50 | $HCO_3$-Na | 简易医疗保健 |
| 150 | 甘孜州新龙县友谊乡土下村温泉 | 温泉 | 37 | 13.50 | $HCO_3$-Na | 简易医疗保健 |
| 151 | 甘孜州新龙县通宵镇聂达村1号温泉 | 温泉 | 43 | 0.59 | $HCO_3$-Na | 未利用 |
| 152 | 甘孜州新龙县通宵镇聂达村2号温泉 | 温泉 | 45 | 2.75 | $HCO_3$-Na | 未利用 |

| 序号 | 地热(温泉) | 类型 | 温度/℃ | 流量/(L/s) | 水质类型 | 开发利用方式 |
|---|---|---|---|---|---|---|
| 153 | 甘孜州新龙县通宵镇聂达村3号温泉 | 温泉 | 52 | 5.27 | HCO₃-Na | 简易医疗保健 |
| 154 | 甘孜州新龙县通宵镇茬麻所村温泉 | 温泉 | 53 | 1.37 | HCO₃-Na | 医疗保健 |
| 155 | 甘孜州新龙县洛古乡温泉 | 温泉 | 27 | 0.21 | HCO₃-Mg·Na | 未利用 |
| 156 | 甘孜州新龙县和平乡温泉 | 温泉 | 54 | 0.57 | HCO₃-Na | 未利用 |
| 157 | 甘孜州雅江县德差乡日门达温泉 | 温泉 | 69 | 2.90 | — | 简易医疗保健 |
| 158 | 甘孜州雅江县德差乡草坝温泉 | 温泉 | 41 | 0.35 | — | 简易医疗保健 |
| 159 | 甘孜州理塘县木拉镇来萨村温泉 | 温泉 | 48 | 1.10 | HCO₃-Na | 简易医疗保健 |
| 160 | 甘孜州理塘县木拉镇喇嘛寺温泉 | 温泉 | 45 | 0.32 | HCO₃-Na | 简易医疗保健 |
| 161 | 甘孜州理塘县德巫温泉 | 温泉 | 60 | 0.25 | — | 简易医疗保健 |
| 162 | 甘孜州理塘县格木乡温泉 | 温泉 | 54 | 1.40 | — | 简易医疗保健 |
| 163 | 甘孜州理塘县格木乡格木寺温泉 | 温泉 | 44 | 2.10 | | 生活用水 |
| 164 | 甘孜州理塘县藏坝乡新村1号温泉 | 温泉 | 30 | 1.70 | HCO₃-Na | 简易医疗保健 |
| 165 | 甘孜州理塘县藏坝乡新村2号温泉 | 温泉 | 26.5 | 1.20 | — | 简易医疗保健 |
| 166 | 甘孜州理塘县濯桑乡1号温泉 | 温泉 | 44 | 0.32 | HCO₃-Na | 简易医疗保健 |
| 167 | 甘孜州理塘县濯桑乡2号温泉 | 温泉 | 44 | 0.56 | HCO₃-Na | 简易医疗保健 |
| 168 | 甘孜州理塘县濯桑乡3号温泉 | 温泉 | 59 | 18.50 | HCO₃-Na | 未利用 |
| 169 | 甘孜州理塘县甲洼镇温泉 | 温泉 | 65 | 1.50 | HCO₃-Na | 简易医疗保健 |
| 170 | 甘孜州理塘县奔戈乡卡辉1号温泉 | 温泉 | 55 | 8.50 | HCO₃-Na | 简易医疗保健 |
| 171 | 甘孜州理塘县奔戈乡卡辉2号温泉 | 温泉 | 78 | 15.50 | HCO₃·SO₄-Na | 供暖 |
| 172 | 甘孜州理塘县奔戈乡卡辉3号温泉 | 温泉 | 82 | 14.00 | HCO₃·SO₄-Na | 供暖 |
| 173 | 甘孜州理塘县奔戈乡卡辉村索绒温泉 | 温泉 | 86 | 19.50 | HCO₃·SO₄-Na | 医疗保健 |
| 174 | 甘孜州理塘县奔戈乡格扎村药王温泉 | 温泉 | 81 | 13.50 | HCO₃-Na | 医疗保健 |
| 175 | 甘孜州理塘县奔戈乡格扎村1号温泉 | 温泉 | 41 | 1.30 | — | 未利用 |
| 176 | 甘孜州理塘县奔戈乡格扎村2号温泉 | 温泉 | 55.5 | 3.50 | HCO₃-Na | 未利用 |
| 177 | 甘孜州理塘县村戈乡毛垭温泉 | 温泉 | 45 | 7.50 | HCO₃-Na | 医疗保健 |
| 178 | 甘孜州理塘县239道班温泉 | 温泉 | 36 | 0.54 | HCO₃·Cl·SO₄-Na | 简易医疗保健 |
| 179 | 甘孜州理塘县格聂镇然日卡村1号温泉 | 温泉 | 65 | 2.75 | HCO₃-Na | 简易医疗保健 |
| 180 | 甘孜州理塘县格聂镇然日卡村2号温泉 | 温泉 | 30 | 0.35 | HCO₃-Na | 未利用 |
| 181 | 甘孜州理塘县格聂镇然日卡村3号温泉 | 温泉 | 27 | 0.23 | — | 未利用 |
| 182 | 甘孜州理塘县格聂镇告巫温泉 | 温泉 | 72 | 0.11 | — | 生活用水 |

| 序号 | 地热(温泉) | 类型 | 温度/℃ | 流量/(L/s) | 水质类型 | 开发利用方式 |
|---|---|---|---|---|---|---|
| 183 | 甘孜州理塘县格聂镇河边温泉 | 温泉 | 38 | 0.37 | — | 未利用 |
| 184 | 甘孜州理塘县格聂镇希曲河温泉 | 温泉 | 40.5 | 0.23 | $HCO_3$-Na | 未利用 |
| 185 | 甘孜州理塘县禾尼乡嘎波库温泉 | 温泉 | 83 | 24.05 | — | 简易医疗保健 |
| 186 | 甘孜州理塘县禾尼乡骡子沟温泉 | 温泉 | 46 | 23.50 | $SO_4 \cdot Cl$-Na | 简易医疗保健 |
| 187 | 甘孜州理塘县禾尼乡220道班温泉 | 温泉 | 49 | 0.52 | $HCO_3$-Na | 简易医疗保健 |
| 188 | 甘孜州理塘县禾尼乡阿沙库温泉 | 温泉 | 38 | 2.50 | — | 简易医疗保健 |
| 189 | 甘孜州理塘县禾尼乡温泉 | 温泉 | 37 | 7.30 | $HCO_3$-Na | 简易医疗保健 |
| 190 | 甘孜州理塘县曲登乡毛垭村温泉 | 温泉 | 48 | 1.20 | $HCO_3$-Na | 简易医疗保健 |
| 191 | 甘孜州理塘县曲登乡泽洛村温泉 | 温泉 | 57 | 0.90 | $HCO_3$-Na | 简易医疗保健 |
| 192 | 甘孜州理塘县下坝区温泉 | 温泉 | 47 | 1.83 | — | 简易医疗保健 |
| 193 | 甘孜州理塘县下坝区洛西场温泉 | 温泉 | 25 | 0.35 | — | 简易医疗保健 |
| 194 | 甘孜州巴塘县茶洛乡措普沟热水塘1号温泉 | 温泉 | 86 | 1.50 | $HCO_3$-Na | 未利用 |
| 195 | 甘孜州巴塘县茶洛乡措普沟热水塘2号温泉 | 温泉 | 84 | 5.70 | $HCO_3$-Na | 简易医疗保健 |
| 196 | 甘孜州巴塘县茶洛乡1号温泉 | 温泉 | 78 | 1.00 | $HCO_3$-Na | 未利用 |
| 197 | 甘孜州巴塘县茶洛乡2号温泉 | 温泉 | 25 | 0.12 | — | 未利用 |
| 198 | 甘孜州巴塘县茶洛格坑1号温泉 | 温泉 | 70 | 2.35 | $HCO_3$-Na | 未利用 |
| 199 | 甘孜州巴塘县茶洛乡格坑2号温泉 | 温泉 | 53 | 0.57 | $HCO_3$-Na | 未利用 |
| 200 | 甘孜州巴塘县茶洛乡腊村1号温泉 | 温泉 | 50 | 1.30 | $HCO_3$-Na | 简易医疗保健 |
| 201 | 甘孜州巴塘县茶洛乡腊甘村2号温泉 | 温泉 | 52 | 0.72 | $HCO_3$-Na | 简易医疗保健 |
| 202 | 甘孜州巴塘县茶洛乡热坑1号温泉 | 温泉 | 87 | 4.10 | $HCO_3$-Na | 简易医疗保健 |
| 203 | 甘孜州巴塘县茶洛乡热坑2号温泉 | 温泉 | 86 | 0.98 | $HCO_3 \cdot SO_4$-Na | 简易医疗保健 |
| 204 | 甘孜州巴塘县茶洛乡热坑3号温泉 | 温泉 | 89 | 3.20 | $HCO_3$-Na | 未利用 |
| 205 | 甘孜州巴塘县茶洛乡热坑4号温泉 | 温泉 | 86 | 3.90 | $HCO_3$-Na | 未利用 |
| 206 | 甘孜州巴塘县措拉镇温泉 | 温泉 | 31 | 0.31 | $HCO_3$-Na·Ca | 简易医疗保健 |
| 207 | 甘孜州巴塘县德达1号温泉 | 温泉 | 62 | 1.20 | $HCO_3$-Na | 简易医疗保健 |
| 208 | 甘孜州巴塘县德达2号温泉 | 温泉 | 25 | 0.13 | — | 未利用 |
| 209 | 甘孜州巴塘县德达3号温泉 | 温泉 | 62 | 9.80 | $HCO_3$-Na | 简易医疗保健 |
| 210 | 甘孜州巴塘县措拉镇当恩村1号温泉 | 温泉 | 60.5 | 1.20 | $HCO_3$-Na | 未利用 |
| 211 | 甘孜州巴塘县措拉镇当恩村2号温泉 | 温泉 | 61 | 0.52 | $HCO_3$-Na | 简易医疗保健 |
| 212 | 甘孜州巴塘县波戈溪乡温泉 | 温泉 | 61 | 2.50 | — | 未利用 |

| 序号 | 地热(温泉) | 类型 | 温度/℃ | 流量/(L/s) | 水质类型 | 开发利用方式 |
|---|---|---|---|---|---|---|
| 213 | 甘孜州巴塘县甲英镇呷哇村温泉 | 温泉 | 42 | 0.37 | HCO₃-Na·Ca | 生活用水 |
| 214 | 甘孜州巴塘县夏邛镇鹦哥嘴温泉 | 温泉 | 37 | 0.86 | — | 医疗保健 |
| 215 | 甘孜州巴塘县夏邛镇1号温泉 | 温泉 | 39 | 0.82 | HCO₃-Na·Ca | 医疗保健 |
| 216 | 甘孜州巴塘县夏邛镇2号温泉 | 温泉 | 40 | 0.79 | HCO₃-Na·Ca·Mg | 医疗保健 |
| 217 | 甘孜州巴塘县夏邛镇3号温泉 | 温泉 | 38.5 | 0.33 | HCO₃-Na | 医疗保健 |
| 218 | 甘孜州巴塘县竹巴龙乡水磨沟温泉 | 温泉 | 63 | 4.00 | — | 简易医疗保健 |
| 219 | 甘孜州巴塘县亚日贡乡若卡地康温泉 | 温泉 | 48 | 3.00 | — | 未利用 |
| 220 | 甘孜州巴塘县亚日贡乡若扎地康温泉 | 温泉 | 50 | 0.15 | — | 未利用 |
| 221 | 甘孜州巴塘县亚日贡乡扎柔村温泉 | 温泉 | 38 | 0.28 | HCO₃-Na·Ca | 简易医疗保健 |
| 222 | 甘孜州巴塘县昌波乡原扎巴桥温泉 | 温泉 | 43 | 1.00 | — | 简易医疗保健 |
| 223 | 甘孜州乡城县定波乡温泉 | 温泉 | 40 | 0.02 | HCO₃-Na·Ca | 未利用 |
| 224 | 甘孜州乡城县定波乡岗刀村温泉 | 温泉 | 34 | 30.50 | — | 未利用 |
| 225 | 甘孜州乡城县沙贡乡章吉村娘拥温泉 | 温泉 | 89 | 2.50 | HCO₃-Na | 未利用 |
| 226 | 甘孜州乡城县沙贡乡达根村温泉 | 温泉 | 41 | 0.46 | HCO₃-Na | 简易医疗保健 |
| 227 | 甘孜州乡城县水洼乡白格村香巴拉温泉 | 温泉 | 51 | 0.73 | Cl-Na | 医疗保健 |
| 228 | 甘孜州乡城县水洼乡白格村温泉 | 温泉 | 46 | 0.93 | HCO₃-Na | 医疗保健 |
| 229 | 甘孜州乡城县水洼乡俄扎村温泉 | 温泉 | 36 | 0.85 | HCO₃-Na | 医疗保健 |
| 230 | 甘孜州乡城县青德镇热曹拷村温泉 | 温泉 | 47 | 0.93 | — | 简易医疗保健 |
| 231 | 甘孜州乡城县青德镇白龚村温泉 | 温泉 | 58 | 0.80 | HCO₃-Na | 简易医疗保健 |
| 232 | 甘孜州乡城县然乌乡克麦村1号温泉 | 温泉 | 47 | 3.50 | HCO₃-Na | 医疗保健 |
| 233 | 甘孜州乡城县然乌乡克麦村2号温泉 | 温泉 | 47 | 1.20 | HCO₃-Na | 医疗保健 |
| 234 | 甘孜州乡城县然乌乡克麦村3号温泉 | 温泉 | 53 | 0.50 | — | 医疗保健 |
| 235 | 甘孜州得荣县茨巫乡杠拉村温泉 | 温泉 | 28.5 | 41.00 | — | 简易医疗保健 |
| 236 | 甘孜州得荣县徐龙乡中荣村温泉 | 温泉 | 40 | 1.00 | — | 简易医疗保健 |
| 237 | 甘孜州稻城县邓波乡温泉 | 温泉 | 51 | 0.48 | — | 简易医疗保健 |
| 238 | 甘孜州稻城县茹布查卡温泉 | 温泉 | 68 | 81.02 | SO₄-Na | 医疗保健、地震监测 |
| 239 | 甘孜州稻城县巨龙乡别让村温泉 | 温泉 | 80 | 0.50 | — | 未利用 |
| 240 | 甘孜州稻城县各卡乡卡斯村温泉 | 温泉 | 35 | 0.50 | — | 未利用 |
| 241 | 甘孜州稻城县赤土乡勇查卡温泉 | 温泉 | 49 | 69.12 | — | 未利用 |
| 242 | 甘孜州稻城县赤土乡仲堆温泉 | 温泉 | 41 | 25.92 | — | 简易医疗保健 |

| 序号 | 地热(温泉) | 类型 | 温度/℃ | 流量/(L/s) | 水质类型 | 开发利用方式 |
|---|---|---|---|---|---|---|
| 243 | 甘孜州稻城县日东温泉 | 温泉 | 45 | 6.91 | — | 简易医疗保健 |
| 244 | 甘孜州九龙县上团乡热水塘温泉 | 温泉 | 60 | 1.20 | — | 未利用 |
| 245 | 甘孜州九龙县洪坝乡洪坝沟温泉 | 温泉 | 61 | 2.00 | — | 简易医疗保健 |
| 246 | 甘孜州九龙县八窝龙乡温泉 | 温泉 | 43 | 0.30 | — | 未利用 |
| 247 | 乐山市市中区全福镇全福村温泉 | 地热井 | 44 | 1.16 | Cl-Na | 未利用 |
| 248 | 乐山市市中区全福镇佛光湖温泉 | 地热井 | 36 | 0.98 | — | 未利用 |
| 249 | 乐山市峨眉山市绥山镇温泉 | 地热井 | 50 | 5.79 | — | 未利用 |
| 250 | 乐山市峨眉山荷 5#温泉 | 地热井 | 43 | 2.20 | SO₄·Cl-Na·Ca | 医疗保健 |
| 251 | 乐山市峨眉山荷 3#温泉 | 地热井 | 43 | 2.95 | SO₄-Ca·Mg | 医疗保健 |
| 252 | 乐山市峨眉山市梅子湾温泉 | 温泉 | 26 | 1.20 | SO₄·Cl-Ca·Mg | 未利用 |
| 253 | 乐山市峨眉山氡温泉 | 地热井 | 34 | 3.06 | HCO₃-Ca·Mg | 医疗保健 |
| 254 | 乐山市峨边县金岩乡黑竹沟温泉 | 地热井 | 49 | 27.78 | SO₄·HCO₃-Ca·Mg | 医疗保健 |
| 255 | 乐山市峨边县金岩乡温泉 | 温泉 | 57 | 6.28 | SO₄·HCO₃-Ca·Mg | 医疗保健 |
| 256 | 乐山市马边县雪口山乡老虎坝温泉 | 温泉 | 28 | 3.20 | SO₄·HCO₃-Ca·Mg | 未利用 |
| 257 | 乐山市马边县永红乡大风顶温泉 | 温泉 | 39.2 | 15.30 | SO₄-Ca·Mg | 简易医疗保健 |
| 258 | 乐山市马边县梅林镇三河口温泉 | 温泉 | 31.9 | 2.10 | SO₄·HCO₃-Ca·Mg | 简易医疗保健 |
| 259 | 乐山市犍为县孝姑镇岩门村温泉 | 地热井 | 36 | 2.31 | Cl-Na | 医疗保健 |
| 260 | 乐山市犍为孝姑温泉 | 地热井 | 93 | 7.13 | Cl-Na | 未利用 |
| 261 | 凉山州甘洛县苏雄镇埃岱温泉 | 温泉 | 30.3 | 11.80 | HCO₃-Ca·Mg | 水产养殖 |
| 262 | 凉山州甘洛县阿嘎乡鹰崖湾温泉 | 温泉 | 39 | 2.67 | SO₄·HCO₃-Ca·Mg | 医疗保健、水产养殖 |
| 263 | 凉山州越西县梅花乡温泉 | 温泉 | 45 | 1.00 | SO₄·HCO₃-Ca·Mg | 未利用 |
| 264 | 凉山州越西县普雄镇温泉 | 温泉 | 38 | 5.33 | HCO₃-Ca·Na | 未利用 |
| 265 | 凉山州冕宁县彝海温泉 | 温泉 | 26 | 1.19 | Cl-Na | 牲畜饮水 |
| 266 | 凉山州冕宁县城厢镇灵山寺温泉 | 地热井 | 36 | 2.30 | Cl-Na | 医疗保健 |
| 267 | 凉山州喜德县公塘子温泉 | 温泉 | 47 | 0.24 | HCO₃·SO₄-Ca·Mg | 简易医疗保健 |
| 268 | 凉山州喜德县阳光温泉 | 地热井 | 53 | 2.31 | HCO₃·SO₄-Ca·Mg | 医疗保健 |
| 269 | 凉山州喜德县红莫温泉 | 温泉 | 49 | 5.62 | HCO₃·SO₄-Na·Ca | 医疗保健、水产养殖 |
| 270 | 凉山州昭觉县比尔乡瓦西勒次温泉 | 温泉 | 29.3 | 2.50 | HCO₃-Ca·Na | 生活用水 |
| 271 | 凉山州昭觉县竹核镇尼普社温泉 | 温泉 | 27 | 0.50 | SO₄·HCO₃-Na | 生活用水 |
| 272 | 凉山州昭觉县竹核镇小温泉社温泉 | 温泉 | 48.2 | 0.60 | HCO₃-Na·Ca | 水产养殖 |
| 273 | 凉山州昭觉县竹核镇大温泉社温泉 | 温泉 | 54 | 1.50 | HCO₃-Na·Ca | 医疗保健、水产养殖 |

| 序号 | 地热(温泉) | 类型 | 温度/℃ | 流量/(L/s) | 水质类型 | 开发利用方式 |
|---|---|---|---|---|---|---|
| 274 | 凉山州雷波县马颈子镇联拉村龙头山温泉 | 温泉 | 43.2 | 2.00 | $SO_4 \cdot HCO_3-Ca \cdot Mg$ | 医疗保健 |
| 275 | 凉山州昭觉县四开乡拉莫乃拖温泉 | 温泉 | 35.5 | 0.30 | $HCO_3-Na \cdot Ca$ | 未利用 |
| 276 | 凉山州西昌市桑坡咀温泉 | 地热井 | 41 | 5.00 | $SO_4-Na \cdot Ca$ | 未利用 |
| 277 | 凉山州西昌市川兴温泉 | 地热井 | 44 | 6.89 | $SO_4-Na$ | 医疗保健 |
| 278 | 凉山州西昌市矿泉花园温泉 | 地热井 | 39 | 4.63 | $SO_4-Na$ | 医疗保健 |
| 279 | 凉山州西昌市佑君镇河西温泉 | 温泉 | 34 | 3.46 | $HCO_3-Na$ | 医疗保健、水产养殖 |
| 280 | 凉山州盐源县金河镇大树温泉 | 温泉 | 40 | 1.80 | $HCO_3 \cdot SO_4-Ca \cdot Na \cdot Mg$ | 生活用水 |
| 281 | 凉山州盐源县树河镇竹林村温泉 | 温泉 | 25 | 4.00 | — | 水产养殖 |
| 282 | 凉山州盐源县泸沽湖镇达祖村温泉 | 地热井 | 34 | 9.64 | — | 未利用 |
| 283 | 凉山州木里县克尔乡公母温泉 | 温泉 | 39 | 0.30 | $HCO_3-Na \cdot Ca$ | 医疗保健 |
| 284 | 凉山州木里县卡拉乡麻措村顺民温泉 | 温泉 | 45 | 1.60 | $HCO_3-Na \cdot Ca$ | 医疗保健 |
| 285 | 凉山州普格县荞窝镇普格温泉瀑布 | 温泉 | 33 | 40.00 | $HCO_3-Ca \cdot Mg$ | 医疗保健 |
| 286 | 凉山州普格县普基镇螺髻山温泉 | 温泉 | 43 | 9.20 | $HCO_3 \cdot SO4-Ca$ | 医疗保健 |
| 287 | 凉山州会东县红果乡戈衣村白石岩温泉 | 温泉 | 30 | 2.60 | $HCO_3 \cdot SO_4-Ca \cdot Mg$ | 生活用水 |
| 288 | 凉山州会东县红果乡上大龙温泉 | 温泉 | 30 | 6.20 | $HCO_3-Ca \cdot Mg$ | 生活用水、农灌 |
| 289 | 凉山州会东县鲁吉镇热水村江畔温泉 | 温泉 | 49 | 2.70 | $HCO_3-Ca \cdot Mg$ | 医疗保健、水产养殖 |
| 290 | 凉山州会东县鲁吉镇热水村金沙温泉 | 温泉 | 46 | 1.60 | $HCO_3-Ca \cdot Mg$ | 医疗保健、水产养殖 |
| 291 | 凉山州会理市果元乡热水村六角洞1号温泉 | 地热井 | 32 | 1.20 | $HCO_3-Ca \cdot Mg$ | 水产养殖 |
| 292 | 凉山州会理市果元乡热水村六角洞2号温泉 | 温泉 | 27 | 8.00 | $HCO_3-Mg \cdot Ca$ | 水产养殖 |
| 293 | 泸州市江阳区通滩镇荔枝滩温泉 | 地热井 | 41 | 3.51 | — | 未利用 |
| 294 | 泸州市泸县福集镇玉蟾山温泉 | 地热井 | 44 | 1.97 | $Cl-Na$ | 医疗保健 |
| 295 | 泸州市纳溪区白节温泉 | 地热井 | 55 | 1.94 | $Cl-Na$ | 未利用 |
| 296 | 泸州市泸县百和镇蒋坝村高洞温泉 | 地热井 | 68 | 27.13 | $Cl-Ca$ | 未利用 |
| 297 | 泸州市合江县凤鸣镇牌坊村三花溪温泉 | 地热井 | 42 | 20.83 | $Cl-Na$ | 未利用 |
| 298 | 眉山市洪雅县桃源乡桃源温泉 | 地热井 | 42 | 2.17 | $SO_4-Ca \cdot Mg$ | 未利用 |
| 299 | 眉山市洪雅县高庙镇七里坪温泉 | 地热井 | 44 | 10.64 | $SO_4-Ca$ | 医疗保健 |
| 300 | 眉山市洪雅县高庙镇七里坪华生温泉 | 地热井 | 38 | 10.49 | $SO_4-Ca \cdot Mg$ | 医疗保健 |
| 301 | 绵阳市安州区桑枣镇罗浮山温泉 | 地热井 | 41 | 0.22 | $Cl-Na$ | 医疗保健 |
| 302 | 绵阳市北川县永昌镇温泉 | 地热井 | 40 | 2.72 | $Cl-Ca$ | 医疗保健 |

| 序号 | 地热(温泉) | 类型 | 温度/℃ | 流量/(L/s) | 水质类型 | 开发利用方式 |
|---|---|---|---|---|---|---|
| 303 | 攀枝花市米易县攀莲镇小河口温泉 | 温泉 | 34 | 0.30 | $HCO_3$-Ca·Mg | 水泥生产 |
| 304 | 攀枝花市米易县攀莲镇柳溪沟热水塘温泉 | 温泉 | 39 | 0.60 | $HCO_3$·$SO_4$-Na | 简易医疗保健 |
| 305 | 攀枝花市盐边县红格镇红格温泉 | 地热井 | 52 | 3.52 | Cl·$HCO_3$·$SO_4$-Na | 医疗保健 |
| 306 | 攀枝花市盐边县彝乡温泉 | 温泉 | 45 | 0.60 | Cl·$HCO_3$·$SO_4$-Na·Ca | 简易医疗保健 |
| 307 | 遂宁市大英县蓬莱镇湾蓬基井 | 地热井 | 62 | 2.31 | Cl-Na | 制盐、医疗保健 |
| 308 | 雅安市雨城区周公山镇周公山温泉 | 地热井 | 78 | 5.21 | Cl-Na | 医疗保健 |
| 309 | 雅安市石棉县田湾河温泉 | 温泉 | 58 | 50.05 | $HCO_3$-Ca·Mg | 医疗保健 |
| 310 | 雅安市石棉县王岗坪彝族藏族乡大岗山温泉 | 地热井 | 26 | 7.83 | — | 未利用 |
| 311 | 雅安市石棉县王岗坪彝族藏族温泉 | 地热井 | 60 | 23.00 | — | 未利用 |
| 312 | 雅安市石棉县王岗坪彝族藏族光华村什月河温泉 | 温泉 | 67 | 38.00 | — | 未利用 |
| 313 | 雅安市石棉县王岗坪彝族藏族幸福村什月河温泉 | 温泉 | 55 | 22.00 | — | 未利用 |
| 314 | 雅安市石棉县草科藏族乡大热水温泉 | 温泉 | 47 | 20.00 | $HCO_3$·$SO_4$-Ca·Na | 医疗保健 |
| 315 | 雅安市石棉县草科藏族乡小热水温泉 | 温泉 | 26.3 | 1.94 | $HCO_3$-Ca | 医疗保健 |
| 316 | 雅安市石棉县草科藏族乡药王庙温泉 | 温泉 | 27 | 0.45 | — | 未利用 |
| 317 | 雅安市石棉县王岗坪彝族藏族乡温泉 | 地热井 | 40 | 12.00 | — | 未利用 |
| 318 | 雅安市石棉县先锋乡温泉 | 温泉 | 33 | 0.50 | — | 未利用 |
| 319 | 雅安市石棉县先锋乡湾坝河温泉 | 温泉 | 30 | 0.10 | — | 未利用 |
| 320 | 雅安市石棉县新棉街道温泉 | 温泉 | 58 | 1.20 | — | 未利用 |
| 321 | 雅安市石棉县新棉街道石棉温泉 | 地热井 | 61 | 4.63 | Cl-Na | 医疗保健 |
| 322 | 雅安市石棉县蟹螺藏族乡新乐村热水塘温泉 | 温泉 | 40 | 12.00 | — | 未利用 |
| 323 | 雅安市石棉县栗了坪藏族乡公益海温泉 | 温泉 | 70 | 1.64 | Cl·$SO_4$-Na | 简易医疗保健 |
| 324 | 宜宾市翠屏山温泉 | 地热井 | 72 | 2.02 | Cl-Na | 未利用 |
| 325 | 宜宾市高县双河温泉 | 地热井 | 28 | 1.07 | $SO_4$-Ca | 生活用水、农灌 |
| 326 | 宜宾市屏山县石溪沟温泉 | 地热井 | 35 | 2.23 | $HCO_3$·$SO_4$-Na | 生活用水、农灌 |
| 327 | 宜宾市长宁县蜀南竹海三江湖温泉 | 地热井 | 38 | 0.30 | Cl-Na | 未利用 |
| 328 | 宜宾市长宁县蜀南竹海温泉 | 地热井 | 38 | 11.57 | $HCO_3$-Ca | 医疗保健 |
| 329 | 宜宾市长宁县双河镇温泉 | 地热井 | 37 | 2.23 | $HCO_3$·$SO_4$-Na | 生活用水 |
| 330 | 宜宾市珙县珙泉镇蜀南温泉 | 温泉 | 45 | 2.74 | $SO_4$·$HCO_3$-Na | 医疗保健 |

| 序号 | 地热(温泉) | 类型 | 温度/℃ | 流量/(L/s) | 水质类型 | 开发利用方式 |
|---|---|---|---|---|---|---|
| 331 | 宜宾市筠连县巡司镇黄荆村犀牛温泉 | 温泉 | 40 | 40.00 | Cl-Na | 医疗保健 |
| 332 | 宜宾市筠连县巡司镇盐井村望月温泉 | 地热井 | 39 | 0.31 | Cl-Na | 生活用水 |
| 333 | 宜宾市筠连县巡司镇盐井村木井温泉 | 地热井 | 42 | 0.64 | Cl-Na | 医疗保健 |
| 334 | 宜宾市筠连县沐爱镇新华温泉 | 地热井 | 36.5 | 3.82 | $HCO_3$-Ca·Na | 生活用水 |
| 335 | 宜宾市筠连县沐爱镇落箭温泉 | 地热井 | 36 | 27.46 | $HCO_3·SO_4$-Ca·Na | 生活用水 |
| 336 | 宜宾市筠连县维新镇落箭村小河子温泉 | 地热井 | 32 | 27.71 | $HCO_3$-Ca·Na | 生活用水 |
| 337 | 自贡市大安区燊海井 | 地热井 | 27 | 0.16 | Cl-Ca | 制盐、旅游观光 |

注：表中地名来源于地质调查原始资料。